ORIGINE

MALADIES DES VÉGÉTAUX

LAGNY. — Imprimerie de VIALAT et Cie.

ORIGINE

DES

MALADIES DES VÉGÉTAUX

PARTICULIÈREMENT

DU POMMIER, DE LA VIGNE,

DE LA POMME DE TERRE, DE LA BETTERAVE, DU COLZA, ETC., ETC.

ET DES

ANIMAUX HERBIVORES

SUIVI

DES MOYENS D'ÉVITER CES MALADIES

EN PRÉVENANT PAR LE DRAINAGE DES TERRES

La Vaporisation des Eaux corrompues dans le Sol

PAR

H. ALLIOT

ANCIEN AGENT-VOYER DE PREMIÈRE CLASSE

20 juillet 1853.

PARIS

EN VENTE CHEZ L'AUTEUR

1854

INTRODUCTION.

L'examen des phénomènes physiologiques de la végétation en général, et des symptômes de la maladie du pommier en particulier, nous a mis à portée de rassembler les matériaux indispensables à la rédaction de ce Mémoire.

Nous engageons le lecteur à le lire tout au long, il contient dans toutes ses parties une série de détails qui, loin d'être exclusivement particuliers à chaque espèce de plantes, ne sont au contraire que les chaînons reliés et corrélatifs d'un même système. Nous croyons que rien n'est étranger à l'intelligence de l'idée fixe qui en fait la base.

Plusieurs points de cette matière grave ont été traités tant de fois et si diversement, qu'il devient impossible de ne pas se servir de quelques expressions déjà employées par les auteurs; nous n'hésiterons pourtant pas à nous servir de nos idées propres, lors même qu'elles seraient, sur quelques points, semblables à celles déjà publiées.

Quoi qu'il en soit, nous tenons comme entièrement de nous,

tout ce qui traite de la maladie du pommier, de l'analogie probable des causes qui ont déterminé celles des autres végétaux ; des modifications préservatives, proposées dans les procédés de culture, de quelques maladies dont les animaux herbivores sont attaqués, ainsi que des conséquences de l'évaporation des eaux corrompues dans le sol.

Nous désirons être utile aux cultivateurs qui sont convenablement placés pour éviter les inconvénients signalés, et faire usage des moyens que nous leur conseillons.

Cultivateur dans notre première jeunesse, le temps nous a manqué pour acquérir les connaissances nécessaires pour composer un ouvrage dont le style soit sans reproches ; d'ailleurs, nous croyons que les règles abstraites, essentiellement scientifiques d'un travail dans ce genre, ainsi que la description des expériences analytiques de chimie pourraient être ici surabondantes ; le cultivateur, toujours privé du temps nécessaire pour se livrer avec avantage à de longues études et à l'emploi des instruments, saisit suffisamment le mérite des expériences nouvelles, quand elles sont justifiées par le succès, il ne lui faut que l'exemple venant de plus haut ; ses ressources trop faibles, l'emploi incessant de toutes ses facultés sur un sol toujours difficile, ne lui laissent pas le temps d'examiner les moyens d'expérimentation ; satisfait de pouvoir suivre pas à pas les traces frayées de ses ancêtres, il ne désire pas un mieux qu'il ignore, et d'ailleurs, les baux de trop courte durée ne lui permettent pas de se livrer à des améliorations permanentes et conséquemment le conduisent à négliger les conseils de l'agronome éclairé.

Cependant, malgré le peu de dispositions en général à réformer les abus, la force des choses a amené successivement des progrès dans l'agriculture, (tant l'exemple a d'influence sur la routine!) mais l'on est encore bien loin d'atteindre un perfectionnement désirable et satisfaisant.

Le cultivateur de la vieille roche, le colon partiaire, le fermier, etc., auxquels jusqu'ici la direction des procédés agricoles a été abandonnée, ont fait leurs preuves.

Il faut pourtant que les connaissances acquises d'une théorie raisonnée et la pratique marchent de front pour s'éclairer et se soutenir mutuellement et, en même temps, substituer à la routine, des procédés plus rationnels.

Aux propriétaires donc, aux ingénieurs agronomes délégués par eux, la mise en pratique des travaux d'assainissement, du meilleur emploi des engrais et du perfectionnement des plantations.

Aux membres des Sociétés et des Comices agricoles, l'exemple donné sur leurs propriétés particulières.

Sans doute, une mise de fonds bien importante doit avoir lieu; il appartient aux propriétaires du sol et aux capitalistes associés, de fonder cette grande ressource.

L'avantage de l'assainissement des terres, de l'assèchement des marais et de l'irrigation, ferait produire aux propriétés en général, une augmentation de revenu qui, par prévision, permet d'assurer aux fonds ainsi placés, le service d'un intérêt plus élevé et plus sûr qu'aucune entreprise quelconque ne peut offrir; l'amélioration immédiate, causée par l'assainissement des terres, faisant rendre au sol un re-

venu augmentatif, équivalant depuis le triple jusqu'au dé-
cuple de l'intérêt de la somme dépensée, il deviendrait très-
juste qu'une augmentation au moins égale à cet intérêt, fût
ajoutée au prix normal des baux.

Ce serait pour le propriétaire et le capitaliste le meilleur
placement de fonds, et pour le fermier, un surcroît de revenu dépassant de beaucoup l'élévation du fermage.

C'est ainsi que le travail intelligemment conçu et habilement exécuté fait l'avantage de tous.

Quelques fermiers, sans sortir tout à fait de la routine,
ne doivent une honorable aisance qu'à leur initiative excep-
tionnelle et aux sacrifices souvent gratuits des propriétaires,
pour avoir fait faire des travaux d'assainissement et des plantations.

En agriculture, la routine, la monotonie des moyens or-
dinaires, ne produisent jamais qu'une désolante stagnation
d'affaires.

C'est le cas de dire sentencieusement :

Ne pas avancer, c'est reculer.

PREMIERE PARTIE.

—

DE L'INFLUENCE DE L'EAU COMME L'UN DES PRINCIPAUX ÉLÉMENTS
DE LA VÉGÉTATION.

Pour ne pas éprouver de mécompte dans la constatation des phénomènes latents ou apparents qui se passent, soit à la surface, soit à l'intérieur du sol, il faut tenir état des éléments mis en jeu, pour l'accomplissement de ces phénomènes.

Considérée comme quantité, la somme de calorique, d'air et d'eau primitivement fixée dans l'espace circonscrit par les limites de l'atmosphère, ne peut varier d'importance avec le temps, quoique l'emploi que la nature fait de ces éléments pour entretenir le mouvement continuel de la vie dans les deux règnes organiques, semble modifier l'importance de cette quantité.

Généralement parlant, l'équilibre rationnel et parfait ne peut exister, car, l'équilibre en toutes choses serait le repos absolu, et le repos absolu serait la mort !

Ces trois éléments, principaux, organes du mouvement, s'agitent sans cesse, les bases constitutives et réciproquement répulsives de leur nature, leur font une loi de cette agitation.

Ainsi, le calorique, divisé par cette agitation d'une manière plus ou moins inégale, établit la variété des saisons, des climats et de la température.

L'air, réduit à l'état de compressibilité et d'expansibilité dont il est susceptible, ainsi que dans les modifications intermédiaires qu'il subit pour passer du *maximum* d'un état à l'autre, produit dans l'atmosphère l'apparence du calme, ou bien tourmente la nature par son mouvement désordonné ; ce sont les divers degrés de vents, d'ouragans, de trombes, de tempêtes qu'occasionne son déplacement plus ou moins brusque, provoqué par la dilatation ou la condensation locales, émanant toujours de la puissance plus ou moins agitée du calorique.

L'eau, qui manifeste si vivement sa présence sur les autres éléments, reçoit d'eux des modifications de formes qui semblent la multiplier à l'infini ou l'anéantir complétement ; mais, qu'elle soit employée à éteindre le feu, à tremper les métaux, à saturer l'air d'humidité, à entretenir l'existence dans les deux règnes organiques sous la forme de vapeurs ou de gaz vivifiants et fertilisants ou à l'alimentation de ces deux règnes sous la forme liquide, il demeure bien constaté qu'en définitive, il ne se fait aucune déperdition des molécules de cet élément.

Si l'eau pénètre dans le sol, et qu'en apparence elle s'y anéantisse par la dessiccation, le dessèchement se manifestant quelquefois sous la forme de crevassements profonds à la superficie du terrain, constate seulement que la vaporisation a eu lieu, c'est-à-dire que cette eau entrée dans le sol à l'état de liquidité, s'est trouvée par l'élévation de la tempéra-

ture à l'intérieur, convertie en vapeurs et reparaît impercep-
tible à la surface, se répand en cet état dans l'atmosphère,
jusqu'à ce qu'un abaissement de température la recondense
de nouveau.

Dans le commencement des chaleurs printanières on
ressent fréquemment des bouffées de vapeurs gazéiformes
monter à la figure et produire par suite de l'aspiration,
tantôt une forte surexcitation vitale, tantôt une anesthésie ou
privation momentanée de sensibilité.

Les brouillards, les givres, les gelées blanches, n'ont pas
d'autre origine que la vaporisation de l'eau.

L'eau de pluie ou d'irrigation introduite dans le sol,
remplit, à l'état de liquidité, le principal rôle dans le grand
acte de la végétation. Par son retour à la surface sous la
forme de vapeurs toujours accompagnées d'exhalaisons et
de miasmes, elle exerce infailliblement une influence morbifique sur l'économie animale et végétale.

Il n'y a donc que l'excédant des eaux introduites dans le
sol qui n'a pas été employé à la nutrition des plantes, qui se
trouve soumis à la vaporisation, de sorte que l'air est toujours
plus sain près des grandes plantations que sur les surfaces
dépourvues de végétaux ligneux ; dans le premier cas, beaucoup moins de ces eaux reparaissent sous forme de vapeurs,
tandis que dans le second cas, elles y reparaissent entièrement et infectent l'air.

L'eau peut donc devenir, selon la forme de son emploi, la
cause unique de grands biens et de grands maux.

Dirigée avec intelligence, on peut, en satisfaisant tous les
besoins, assurer toujours le succès de ce grand rôle, et partout éviter les inconvénients inséparables de la vaporisation.

Son emploi bien entendu modifie considérablement l'influence des autres agents météorologiques.

Pour rendre plus sensible le rôle que remplit l'eau dans le succès ou dans l'insuccès de la végétation, et par conséquent, préparer à l'intelligence de notre système sur les conséquences fâcheuses de l'alimentation des plantes au moyen de cette eau corrompue dans le sol, nous allons détailler, le plus briève- ment possible, le parcours qu'elle suit et les fonctions qu'elle remplit dans l'intérieur de la plante ligneuse.

Dès qu'elles sont arrivées dans la région des racines, ces eaux saturées de la combinaison régulière des divers éléments qui composent la sève, sont introduites par les spongioles de l'extrémité radicellaire de ces racines, opèrent par l'im- pulsion de la force vitale du végétal, leur marche ascen- dante à travers le canal médullaire et par un autre mouve- ment simultanément progressif et de rayonnement horizontal, dans les utricules des couches ligneuses, puis arrivent par cette impulsion continue jusqu'à l'appareil cortical et jus- qu'aux bourgeons; en développant ces bourgeons, elle provoque la naissance des feuilles, le gaz oxygène introduit pendant la nuit par la face inférieure des feuilles, s'unit par l'intermédiaire des prolongements du liber et du canal mé- dullaire aux matières carbonnées venues de l'intérieur, issues des engrais et des substances minérales répandues dans le sol, forment en se combinant, le gaz acide carbo- nique, ce dernier gaz ensuite décomposé, le carbonne est entraîné dans la circulation descendante, les résidus du gaz acide carbonique et du gaz oxygène sont reversés dans l'at- mosphère, sous l'influence de la lumière par l'exhalation de la face supérieure de la feuille.

La sève, après ces modifications, a changé de consistance, elle est devenue moins liquide, elle a acquis le caractère d'un nouveau fluide : c'est le cambium.

Le cambium passe des cellules de la feuille dans les nervures du même organe, parvient à la base du pétiole, s'unit par affinité avec les parties de la sève ascendante, qu'il retrouve préalablement déposées dans les utricules ligneuses des couches concentriques, et prépare ainsi les rudiments d'une nouvelle couche d'aubier, lesquels rudiments se propagent coniquement et se superposent circulairement en descendant jusqu'au collet ; à partir de là, la forme de propagation circulaire convertit son sommet conique, de supérieur qu'il était, en direction inverse ou inférieure, jusqu'aux spongioles terminales des radicelles, ajoutant ainsi la longueur d'une pousse annuelle radicellaire de plus, et consolidant la superposition de cette nouvelle couche d'aubier, sur celle élaborée l'année précédente.

Aussitôt que le cambium est arrivé aux spongioles, et que, par l'addition prolongée des substances ligneuses, corticales et spongiformes, il a revivifié ces parties organiques, elles s'empressent de mettre en action l'accroissement de forces qu'elles viennent de recevoir ; c'est donc alors qu'elles aspirent abondamment les eaux de pluie ou d'irrigation parvenues jusqu'à elles ; ainsi s'opère sur un nouveau module, le mouvement ascendant de la sève.

Pendant la progression descendante du cambium, une nouvelle couche s'adapte également à l'intérieur de l'appareil cortical.

Toutes ces différentes phases de l'acte nutritif du végétal s'exécutant régulièrement au moyen d'une sève bien conditionnée, comportent en elles-mêmes le succès infaillible.

Ainsi donc se résument les fonctions génératrices, que remplit l'eau dans le grand acte de la végétation des plantes ligneuses cotylédonnées.

DESCRIPTION DES CAUSES DE LA MALADIE DES POMMIERS, ETC.

Dans une contrée du département du Calvados, nommée la Vallée d'Auge, une grande mortalité, précédée de symptômes jusque-là inconnus, a frappé les pommiers.

Des pièces de terre, plantées de ces arbres de la plus belle venue, sont actuellement dépouillées de cet ornement productif, d'autres ne sont qu'à demi déplantées, et donnent des craintes sérieuses pour l'avenir, et dans presque toutes on reconnaît les traces de cette maladie.

La mortalité a presque uniquement frappé sur les arbres plantés depuis quarante ans, c'est-à-dire sur ceux qui possédaient, au point culminant, les forces vitales de la jeunesse, lesquelles forces semblaient devoir les rendre plus invulnérables ; ceux plantés dans des terrains anciennement amendés, ont moins souffert que ceux qui se trouvaient dans les fonds de qualité inférieure ou récemment améliorés.

Les pommiers à racines pivotantes, quand ils ont été plantés profondément, ont tous succombé.

On peut inférer de là, que des agents ou des substances morbifiques nouvellement mis en scène, ont, par leur influence ou leur action, occasionné tous ces accidents, soit que ces agents préexistent dans l'atmosphère ou dans le sol, soit qu'ils se trouvent simultanément dans l'une et dans l'autre région.

Nous pensons, dans tous les cas, que l'inexpérience du cultivateur a été le principal mobile de leur mise en œuvre, car, autrefois, les mêmes agents, en l'absence de cette cause primordiale, récemment apparue, restaient absolument inoffensifs.

Nous allons donc rechercher si quelques abus traditionnels ne se seraient point introduits depuis quelque temps dans la culture du pommier, et, successivement après, dans celle des autres végétaux, et les motifs qui, dans le cas de l'affirmative, auraient pu légitimer ces abus.

Dans le but de nous assurer si, d'après une opinion alors assez plausiblement établie dans le pays, la larve du hanneton ou mans, et autres insectes, étaient innocents du fait, nous avons fait faire, par quelques cultivateurs, des fouilles au pied des pommiers malades ou morts, et de ceux qui nous paraissaient encore sains ; mais nous avons reconnu que, partout, ces insectes étaient restés inoffensifs.

Cependant, et pour nous aider dans nos recherches ultérieures, nous avons constaté les effets produits par la maladie et l'état apparent du sol foui.

L'écorce des racines n'avait reçu aucune lésion de la part des insectes, mais elle était détachée du bois en forme de grandes lames.

Entre les deux parties du pommier, soit au tronc, soit aux racines, gisaient amassées çà et là, des quantités assez importantes de matière visqueuse et gluante de couleur brun-foncé, et répandant une odeur fétide ; le bois était noirci et très-cassant, il projetait la même odeur.

Une certaine quantité de cette matière exsudait par les fissures de l'écorce non encore détachée ; sur les pieds de quelques arbres on voyait quantité de champignons parasites, d'un aspect qui nous est inconnu ; les feuilles étaient jaune-pâle, recouvertes d'une espèce de mucus ; elles étaient très-petites, étiolées et crispées, elles renfermaient dans leurs plis quantité d'insectes.

A l'inspection des fouilles nous avons remarqué qu'au delà de trente ans, on plantait les pommiers beaucoup moins profondément que depuis, on les greffait plus bas, on obtenait en procédant ainsi, comme on le reconnaît généralement, de plus fortes tiges d'arbres, et par conséquent plus de fruits ; mais l'inconvénient de branches très-basses causait plus de tort par l'ombrage qu'elles projetaient sur les grains et sur les herbages ; il fallait, pour empêcher qu'elles ne fussent rongées, tenir les bestiaux constamment embricolés, et, à grands frais, relever les branches avec des appuis ; les vents avaient d'autant plus de prise sur ces arbres, que les racines rampant à la surface, manquaient de force pour les retenir, et des arrachages considérables étaient fréquents.

C'est donc pour obvier à la fois à tous ces inconvénients, que depuis trente ou quarante ans, on a planté plus profondément et on a greffé plus haut ; mais en fuyant Charybde on s'est dirigé vers Scylla !

Examinant le terrain foui après quelques jours de pluie, nous aperçûmes que les surfaces polyédriques irrégulières des blocs de terre, que la pioche détachait, paraissaient, par leur couleur de rouille prononcée, contenir beaucoup d'oxydes de fer et des sulfures ; il surnageait sur l'eau stagnante, dans les trous, une pellicule ou crème à reflet bleu.

Les mêmes fouilles, faites par un temps sec, permettaient à peine à l'œil nu d'apercevoir ces substances.

Ces substances non dissoutes, gisant dans une région inférieure à celle où végétaient les racines des pommiers plantés selon l'ancienne méthode, où les eaux de pluie ne pénètrent que dans les années extraordinairement humides, ne causaient, par leur éloignement, aucun préjudice à ces racines ; de là, l'absence des maladies dans les temps anciens, et encore actuellement sur les anciens pieds.

En agriculture, on met au nombre des innovations que l'on a saisies avec le plus d'empressement, l'approfondissement des labours et des plantations.

Nous sommes bien loin de reprocher la mise en pratique
de ce procédé nouveau, nous commençons, au contraire,
par approuver de toutes nos forces les modifications avanta-
geuses qu'il apporte ; il constitue le plus grand acte de perfectionnement des temps modernes ; mais, comme chaque
médaille a son revers, il est à regretter que l'on n'ait pas
songé à faire marcher de front les deux faces de cette médaille, c'est-à-dire, que l'on n'ait pas mis simultanément en
pratique le drainage, comme antidote corrélatif du labourage profond ; en annihilant la vaporisation de l'eau, il attire
vers les drains les molécules des substances minérales dissoutes, et, en assainissant le terrain, les éloigne des racines.

On a cru qu'il suffisait pour activer la végétation, et pour
obtenir de plus grandes récoltes, de labourer et de planter
plus profondément, ainsi que d'engraisser surabondamment
les terres arables, ou à employer des engrais plus nouvellement faits, et par conséquent moins décomposés et moins
consommés ; on a compris que la décomposition fermentes-
cible des fumiers possédant encore tous leurs sels alcalins et
ammoniacaux fixes et solubles, serait plus avantageuse pour
le progrès des végétaux, ayant lieu dans le terrain même, que
dans les fumières. Sur ces points on a raisonné logiquement ;
ces procédés sont les plus rationnels possibles en agronomie,
leur mise en pratique, dans les conditions voulues, comporte
en elle-même le succès assuré.

En labourant et en plantant plus profondément, on a mis
sur la scène de production, les couches sous-jacentes au terrain végétal cultivé, décorées du titre de terre neuve. On
n'a pas réfléchi qu'on trouverait dans les nouvelles couches
du terrain encore inexplorées, des substances minérales te-
nues jusque-là dans un état latent et inoffensif ; on n'a pas

2

pensé à provoquer l'évacuation souterraine des eaux qui stagnent au milieu de ces substances et les dissolvent.

Dans la couche supérieure du sol, où vivaient les racines des végétaux plantés selon l'ancienne méthode, les parties les plus matérielles de ces substances se sont depuis longtemps dissoutes et évaporées, ou bien ont pénétré plus bas avec les eaux descendantes, lesquelles eaux, avant leur évaporation, les ont déposées sur le sous-sol, où les plantations et les labours subséquents et plus profonds, les ont récemment retrouvées.

On ignorait jadis que l'amendement et l'engraissement forcés conduisent, dans les deux règnes organiques, à l'infécondité et même à la stérilité.

L'infécondité et la stérilité n'étant plus l'état normal, des symptômes pathologiques ne tardent pas à se produire.

Toutes les formes que prend l'état de décrépitude sénile sont, dès leur début, accompagnées d'éléments morbifiques produits par la décomposition des tissus; de même aussi, l'état morbide résultant de l'impuissance accidentelle, souvent caractérisée par la pléthore, attire dès son origine, sur les plantes, quantité de parasites qui viennent recueillir l'exubérance des matières de la vitalité, mal retenues par des organes trop relâchés. Leur présence aggrave considérablement ce dernier état anormal de la plante.

La quantité et la qualité des engrais augmentées, mises en contact avec les substances minérales non dissoutes, en se décomposant et se dissolvant simultanément, ont, par suite de l'infiltration plus profonde des eaux des grandes pluies ou d'irrigation, modifié de concert les principes séveux et nutritifs des végétaux ; en s'introduisant dans leurs organes circulatoires, ces substances y ont porté les désordres les plus graves.

Effectivement, si la combinaison chimique de la sève ascendante est irrégulière, s'il s'est introduit avec la sève, par
la succion des racines toujours prêtes à aspirer tous les liquides qui se présentent, des eaux sulfureuses corrompues, et
des sucs chargés outre mesure de principes ferrugineux, les
organes de la végétation refusent de fonctionner, comme im-
propres à l'élaboration de cet aliment trop intense, devenu,
par là insécrétable, et par conséquent malfaisant et délétère

L'état d'inanition de la feuille, causé par le refus de concours des organes sécréteurs, arrête son développement, les
vaisseaux de son tissu s'oblitèrent, la sève imperfectible achève
de se corrompre par la présence de l'acide carbonique non
exhalé ; cette sève constitue ainsi un cambium vicié, dont les
molécules les plus déliées s'inoculent, pendant sa marche
descendante, dans toutes les parties de la plante, corrompt et
noircit comme lui les parties ligneuses et corticales ; les molécules les plus matérielles se coagulent par masses, ou suintent par les fendillements de l'écorce, telles que nous les
avons retrouvées et aperçues entre l'aubier et la partie corticale du pommier.

Si l'on examine de près la similitude des rapports qui exis-
tent entre les conditions vitales de l'animalisation et de la
végétation, on comprend facilement ce phénomène.

Par exemple : l'abus du vin, la plus salutaire boisson de
l'homme ; de l'alcool, substance indispensable comme cu-
ratif et préservatif médical ; des viandes, comme comestible
le plus succulent, toutes matières propres à l'alimentation
animale, lesquelles, prises à des doses modérées et en rapport avec les forces digestives et d'assimilation de nos organes, constituent l'hygiène la plus pure. De même aussi,
l'analyse chimique du bois, pris dans son état le plus parfait,
accuse la présence du fer et des produits de la décomposition

animale et végétale des engrais; donc, une minime quantité de ces substances assimilables par la végétation nutritive est nécessaire, mais leur introduction dans l'économie vitale des plantes, par l'intermédiaire de la sève ascendante, chargée d'une dose excessive de ces substances, ne peut pas davantage subir l'assimilation, que, dans le cas comparé de l'animalisation, l'usage exclusif ou excessif des liqueurs fortes et des aliments trop succulents ne la subirait.

La constitution physique, et les moyens physiologiques des individus de l'un et de l'autre règne organique sont tels, qu'ils ne peuvent user des meilleures choses du monde avec excès, sans encourir immédiatement les conséquences toujours funestes de maladies sérieuses, et souvent de la mort prématurée.

L'introduction, dans l'organisme vital des végétaux, d'une sève ascendante saturée de principes délétères, a donc causé la maladie et souvent la mort d'un grand nombre de ces espèces, principalement du pommier, et notamment de quelques ceps de vigne cultivée avec ou sans fumier.

CAUSES COMMUNES AUX MALADIES DES VÉGÉTAUX EN GÉNÉRAL.

Les plantations et les labours plus profonds, la mise en scène des substances minérales gisant dans la partie du terrain qui a servi d'augmentation à la couche actuelle perméable, l'engraissement plus substantiel des terres, la réunion d'une quantité d'eau plus importante à cause de l'augmentation de la couche de terre nouvellement ameublie, la corruption de cette eau pendant son séjour prolongé au milieu des matières de l'engraissement en décomposition et des substances ferru-

gineuses et sulfureuses en dissolution, employés à l'alimentation de la plante sous la forme de sève ascendante : la vaporisation de l'excédant de ces eaux ainsi corrompues et
l'influence préjudiciable du produit de cette évaporation sur
les parties extérieures de la plante et ses conséquences ; la
difficulté grande pour les radicules trop serrées au milieu des
terres profondes encore compactes, de pouvoir aspirer la
quantité nécessaire d'oxygène libre, occasionnant à ces radicules, une espèce d'étouffement et d'asphyxie, l'altération
des extrémités des racines qui résulte de cette gêne, se propage et fait souffrir la plante dans toutes les parties constitutives de son tissu, telles sont les principales causes des
maladies qui assiégent le pommier, la vigne, les pommes de
terre, la betterave, le colza, etc., etc.

C'est donc toujours les mêmes principes qui produisent les
mêmes causes et amènent les mêmes résultats, modifiés toutefois dans leurs formes à cause du mode spécial d'alimentation comparée, propre à chacune de ces plantes.

La nutrition de la plante au moyen de sucs délétères suffit
à elle seule pour causer les maladies graves qui ont apparu
depuis la modification des procédés de culture ; mais en
outre de cela et pour combler la mesure de la fatalité, il a
surgi surabondamment de la même origine, une seconde cause
subsidiaire, laquelle seule suffirait aussi, pour attirer et fixer
les sporules cryptogamiques, sur toutes les parties des plantes
et par conséquent occasionner un préjudice aussi grand.

Cette seconde cause ignorée ou inobservée au début de la
maladie et contre laquelle on doit non moins vivement combattre est l'évaporation des eaux.

L'eau une fois introduite dans le sol ne devrait jamais,
sous la forme de vapeurs, revenir à la surface cultivée, car,
elle n'y revient jamais qu'impure et malfaisante.

A défaut d'écoulement souterrain, voici ce qui arrive :

Aussitôt l'élévation de la température produite par les premières chaleurs, dans la région du sol où stagnent les eaux corrompues, le phénomène de la vaporisation se produit.

Les vapeurs s'acheminent chargées des exhalaisons et des fluides les plus mucilagineux et les plus gluants des engrais, joints aux molécules les plus ténues des substances minérales, elles se donnent jour à la surface, en parcourant les interstices du terrain ménagées près des racines et de la tige par l'inadhérence du sol avec ces dernières ; le contact des racines qui jusqu'ici ont servi de conducteur aux vapeurs, a provoqué chez elles un commencement de condensation qui occasionne d'abord, un faible abaissement de température à la surface du sol, ensuite le produit de cette condensation s'attache, sous la forme de gouttelettes imperceptibles, à la tige, aux feuilles et aux fruits.

L'affinité que ce nouveau produit possède originellement avec la nature similaire de la sève ascendante qui a pris les devants par l'intérieur de la plante et qu'il rencontre par contact, à l'extérieur, dans les utricules du végétal, lui facilite par les pores aspirants de cette plante, l'introduction de ses molécules les plus déliées ; celles plus matérielles s'unissent et s'attachent aux premières, elles composent ensemble une couche bien mince d'enduit mucilagineux visqueux et tenace, entourant tous les points de la plante et de ses appendices ; on reconnaît cette couche de mucosité, à la vue, par sa couleur glacée et au toucher par sa consistance gluante si l'on prend la précaution d'humidifier légèrement les doigts.

Il s'établit au travers de cet enduit, un courant de communication permanente d'aspiration et d'expiration poreuse, entre les fonctions vitales de l'intérieur et l'air ambiant.

L'aspiration atmosphérique que la plante exerce toujours

activement, recueille encore les parties des mêmes vapeurs terrestres restées ambiantes, de sorte, que par une espèce de fatalité, tout le produit des eaux corrompues et les principes délétères qui l'accompagnent, se trouvent réunies dans le foyer de la vitalité, comme à un rendez-vous donné de toutes parts.

Les insectes parasites s'attachent aux plantes ainsi enduites du produit de la condensation des vapeurs émanant du sol et de celui de l'exsudation de l'intérieur, y font élection de domicile; leur importune présence, les blessures continuelles de leurs suçoirs et l'épuisement qu'ils occasionnent pour leur sustentation, avancent considérablement le malaise de la plante.

Les spores cryptogamiques, l'erineum parasite des feuilles de la vigne, l'oïdium parasite de la grappe, le botrytis de la pomme de terre, les sporules de la betterave et celles particulières au pommier, au colza, aux céréales, etc., s'implantent sur les tiges, sur les feuilles et sur les fruits enduits de ce fluide muqueux et gluant, lequel leur tient lieu en même temps, de placenta et de trophosperme embryonnaire.

Des cryptogames de variété nouvelle, l'erineum et l'oïdium, ainsi désignés à cause des modifications qu'avait amenées dans leurs formes, l'abondance et la succulence de l'alimentation (différant sur la feuille et sur le fruit), furent reconnus en 1845, pour la première fois, à Margate en Angleterre, dans les cultures forcées des serres chaudes de l'horticulteur Tucker; tous les établissements du même genre ne tardèrent pas à être envahis.

En 1847, on les reconnut dans les cultures forcées des environs de Paris d'où ils se répandirent sur les treilles.

En 1851, le mal prit d'effrayantes proportions en France, en Italie, en Hongrie, etc.

En 1853, il a paru en Algérie, en Syrie, etc.

Le début de l'invasion de la maladie de la vigne dans les serres n'a eu pour origine et ne se continue que par l'in-suffisance des arrosements, comparés à la quantité d'engrais déposés dans les tombes ou couches, suivis d'une trop grande abondance de ces mêmes arrosements ; toutefois, un arrose-ment mécanique régulier, produirait la même quantité de vapeurs, possédant les mêmes qualités nuisibles, les matériaux producteurs étant les mêmes.

Pendant la pénurie d'eau, les résidus de l'engrais forcé accumulés au fond des couches, ont, par suite de l'échauffe-ment propre à un commencement de fermentation sèche, subi d'abord une grande dessiccation, puis subitement imbibés et soumis à une élévation de température relative, ont produit à l'instant une grande quantité de molécules visqueuses mu-cilagineuses et gazéiformes, qui remontent à la surface avec les vapeurs des eaux d'arrosement, corrompues au milieu d'elles et comme nous l'avons déjà dit, se sont par le contact du courant d'air, légèrement condensées et fixées sur les corps environnants les plus proches, sur les tiges, sur les feuilles et sur les fruits de la vigne.

C'est en abrégé la description des conséquences de la va-porisation opérée plus lentement dans les champs sur tous les végétaux cultivés.

Le viticulteur des serres comme celui des plaines, ne voyaient que des ceps vigoureux, des pampres pléthoriques et n'apercevaient pas le produit de la vaporisation qui relui-sait déjà sur leurs plantes.

Les spores cryptogamiques plus vivement intéressées à re-connaître la propriété de cette matière, qu'elles trouvèrent gluante et mucilagineuse, ne tardèrent pas à s'y installer ; elles rencontrèrent avec la mucosité nutritive de cet enduit, les matériaux constitutifs d'un organe placentaire pour se fixer.

Ces viticulteurs virent en elles des agents destructeurs, et dans leur désolation, s'arrêtant simplement à l'appréciation des désastres qu'elles causaient, ils les prirent en même temps pour cause et pour effet!

Ce n'est pas d'aujourd'hui que les végétaux et leurs appendices sont sujets à des maladies, les causes primordiales existant déjà, conduisaient à la mort lente quelques sujets, la rareté des accidents laissait passer inaperçus les cas de mortalité.

Mais quand les causes secondaires favorisées par une alimentation nouvelle ont acquis un grand développement, qu'elles ont agi directement sur le produit de certaines plantes; à force d'investigations, on a dû reconnaître des prodromes, des symptômes, tous les caractères enfin d'une maladie générale.

La maladie de la vigne a donc pu exister quelque temps sans fixer l'attention sérieusement, peut-être même que le cultivateur considérait les symptômes de la maladie comme le plus beau succès qu'il pût obtenir, l'apparence de vigueur du plant pouvait légitimer cette illusion.

On voit près le chemin de fer, à Passy, une excavation d'ancienne carrière qui sert maintenant de puisard aux eaux ménagères des deux rues de la Pompe et de la Tour; sur le fond de ladite carrière, des saules ont été plantés, les eaux grasses, en s'infiltrant sous les racines, ont déposé autour du pied de ces arbres, une couche de vase de près d'un mètre d'épaisseur.

Ce sont les eaux ménagères jointes à celles de pluie qui fournissent à la plante sa sève ascendante, cet aliment lui a causé par sa nature trop substantielle une affection pléthorique très-prononcée ; elle se reconnaît à la forme des feuilles excessivement épaisses et arrondies, elles sont, ainsi que le bois, d'un vert extraordinairement foncé ; malgré cette apparence trompeuse de grande vitalité, la pousse annuelle est nulle sur toutes les extrémités les plus inférieures de l'arbre, l'influence des vapeurs mucilagineuses s'est fait sentir davantage et en raison de la plus grande proximité, sur ces extrémités des branches, que sur celles du milieu de la tige, plus élevées et plus éloignées du foyer délétère. La face supérieure des feuilles est recouverte d'une couche de matière brune, gluante à la rosée, elle se sèche et se pulvérise sous l'action du soleil.

Cette couche n'est autre chose que le produit d'un cambium vicié joint à celui habituel de l'exhalation, lequel est trop dense, ne pouvant se volatiliser entièrement ni reprendre son cours naturel descendant, ses molécules les plus matérielles se figent ainsi.

Le produit de l'évaporation de ces matières végétales et animales en décomposition, gisant au pied de la plante, s'attache à l'extérieur de tout le système ligneux et à la face inférieure des feuilles, forme sur le bois, une couche importante ayant l'aspect de mousses grasses et gluantes au toucher, et sous les feuilles, une couche plus mince luisante et velue sur laquelle séjourne une grande quantité d'insectes qui se sustentent d'abord, du produit condensé de l'évaporation, et quand ils ont épuisé ce produit sur le point où ils s'arrêtent, ils s'attaquent au tissu cellulaire et aux nervures de la feuille.

Ces saules présentent, réunis, tous les caractères propres à l'affection pléthorique bien prononcée, et ces arbres quoiqu'offrant un aspect surnaturel d'existence, ne vivront pas longtemps en cet état.

On conçoit que les autres plantes plus sensibles que le saule, telles que la vigne, le pommier, etc., qui se trouvent ainsi traitées, doivent également présenter avec l'apparence d'une santé à toute épreuve, tous les caractères anormaux de la pléthore ; l'envahissement des insectes parasites, de cryptogames, dont la forme toujours calquée sur le genre de subsistance, se révèle par un développement en rapport avec les qualités de l'aliment. Telles se trouvent dans les cas déjà expliquées, la vigne, la betterave, la pomme de terre, etc., etc.

Il ne faut pas se laisser induire dans une erreur commune à quelques cultivateurs qui croient que la nature crée des séries d'êtres bien ou malfaisants à des époques capricieusement fixées.

Non ; il n'y a pas plus de créations nouvelles dans les classes inférieures des êtres des deux règnes organiques, que nous n'en constatons dans les classes supérieures, seulement, dans les classes microscopiques, les recherches studieuses et la perfection des instruments d'optique, font journellement découvrir des êtres jusque-là inaperçus ou des nouvelles modifications d'êtres déjà connus ; car, comme nous l'établissons, les conditions vitales modifiées, par une conséquence bien logique, modifient la forme et le mode d'action, mais jamais elles ne changent le fond éternel des choses, c'est-à-dire, que par aucune espèce de métempsycose matérielle, un sujet quelconque faisant partie des deux règnes organisés ne peut jamais changer son espèce organique interne.

Les cryptogames ne sont donc pas de création nouvelle, le produit de la vaporisation des eaux corrompues dans le sol, saturé de molécules mucilagineuses, d'exhalaisons et de miasmes émanant des engrais placés plus avant dans ce sol, et de substances minérales nouvellement amenées par des labours plus profonds au milieu de la couche de terre actuellement cultivée, s'attachant aux plantes, a, d'abord servi de placenta aux sporules.

Ces parasites auxquels cet aliment succulent était jusque-là resté étranger, se sont saisis avidement de ce nouvel élément nutritif, ils se sont développés en raison de la facilité d'existence qu'ils ont rencontrée, ils se sont propagés en raison de la multiplicité des moyens nouveaux et de la dose de force vitale que ces moyens leur ont fait acquérir, ils ont modifié leur forme en raison de la qualité intrinsèque de l'aliment, de sorte que l'oïdium et autres parasites, quoique restés cryptogames, ne ressemblent plus à ceux antérieurs au produit nouveau de la vaporisation de l'eau corrompue souterrainement, comme et ainsi que nous l'avons décrit, les sujets des deux règnes organiques présentent fréquemment ces modifications.

Dans la famille des mucédinées, l'erineum qui se sustente sur la feuille de la vigne diffère de l'oïdium qui se fixe sur les grappes; la fructification ou propagation du dernier est beaucoup plus abondante sur les grappes que celle du premier sur les feuilles.

Nous croyons reconnaître dans cette espèce de transformation graduelle une preuve palpable que, l'essence plus ou moins succulente des matières de l'alimentation puisées dans le parenchyme des feuilles de la vigne ou dans la pulpe contenue par la pellicule des baies de la grappe, suffisent pour modifier considérablement les formes originelles et les forces vitales du parasite; cette modification correspond à la perfectibilité graduelle des moyens d'existence, ces moyens devenus multiples confèrent de nouvelles facultés que ne possédait pas ce parasite avant sa modification, de sorte que le cryptogame perfectionné a pu s'implanter sur des feuilles et sur des fruits ne possédant pas encore au degré exigé par son

congénère imperfectionné, la dose exigée des produits mucilagineux de la vaporisation moderne, en d'autres termes,
tel il a fallu à l'oïdium primitif tout l'attrait de la couche
importante des mêmes produits, improvisée dans les serres
chaudes, pour le faire sortir de son ancienne nullité, telle
suffit actuellement et en plein air, à ce parasite fortifié, la
rencontre ordinaire des feuilles et des fruits de la vigne à
l'état normal ancien et pour ainsi dire encore vierge de ce
même produit ancien, mais nouvellement amélioré ; ces considérations nous portent à craindre, que, parvenues à leur
maximum de forces physiques, ces mucédinées ainsi trans-
formées pouvant alors se passer du secours *maximum* des
produits de la vaporisation (produits qui pourtant et longtemps encore, nous le croyons du moins, ne leur faillira pas),
n'infectent toutes les plantes cultivées, car, le moyen que
nous proposons pour le combattre (le drainage), fût-il uni-
versellement appliqué, il faudrait encore un laps de temps
bien long, pour amener le dépérissement par la disette, de
ces parasites envahisseurs et les faire rentrer dans leur état
ancien et normal d'où on les a si imprudemment tirés !

IDENTITÉ DU RÉSULTAT DES EXPLORATIONS NOUVELLES ET DE NOTRE SYSTÈME.

Jusqu'à présent, les savants explorateurs de l'état pathologique de la vigne n'ont pas eu assez de temps pour examiner
tous les détails phénoménaux qu'aurait indispensablement
exigé l'importance de leur mission.

On a vu plus haut que, pour saisir les causes de la maladie
des pommiers, il a fallu rassembler les résultats acquis d'une

quantité d'observations physiologiques diverses, qui n'ont pu tomber sous nos sens, que pendant un grand nombre d'années d'études spéciales.

L'itinéraire des voyages scientifiques sur cette matière embrassant un trop grand rayon, empêche par cela même d'atteindre le but d'une manière satisfaisante.

Le caractère de la maladie journellement modifié comme le progrès même de la végétation annuelle, doit être saisi, non-seulement dans ses périodes terminales correspondant à la pousse, à la floraison et à la fructification, mais dans le travail transitionnel de tous les moments de chaque période.

Les soins donnés et le mode de culture suivi pour favoriser ce travail, joint au comport initial de la plante, mettent facilement sur la voie du pronostic et du diagnostic et affranchissent l'observateur de l'espèce de tutelle qu'exerce toujours sur son esprit méditant trop rapidement, l'enquête obligée qu'il fait près des cultivateurs toujours empressés de faire valoir des considérations personnelles, qui sont souvent le fruit de la spéculation, de l'inattention ou de l'ignorance.

Il résulte de là que les renseignements, que les observateurs ont recueillis jusqu'ici près des viticulteurs sur le caractère originel des maladies, ne peuvent leur servir comme base d'un système raisonné.

Aucuns de ces viticulteurs ne s'est aperçu du moment précis où l'invasion des causes primordiales a eu lieu, ils ne peuvent donc répondre rationnellement sur une question dont l'origine leur a échappé.

Les explorateurs ont donc été réduits à leurs appréciations personnelles et d'actualité, trop superficielles et trop hâtées ; cependant la vérité a quelquefois jailli à l'insu des cultivateurs et l'explorateur a pu fixer quelques idées éparses qu'il a consignées dans son rapport.

. La diversité des lieux d'exploration, du mode de culture, des époques de l'investigation et du degré d'avancement des maladies, ont nécessairement causé aux différents observateurs des impressions variées à l'infini.

L'un s'est plus particulièrement attaché à examiner l'état pathologique de la partie ligneuse de la plante et les diverses modifications que son tissu avait subies ; tel autre s'est plutôt fixé sur l'état des feuilles et des grappes et enfin sur l'apparition et sur le progrès des sporules cryptogamiques.

Les tiges, les feuilles et les fruits composés chimiquement de molécules d'origine commune, mais modifiées et appropriées spécialement à la nature de chacune de ces parties, doivent présenter, prises isolément, des caractères pathologiques variés comme leurs tissus et conduire insensiblement l'observateur procédant sur chacune de ces parties prises isolément, à la déviation des recherches positives, tandis que, nécessairement liées par un point de départ commun, ces phénomènes variés, pris dans leur ensemble, ne devraient être considérés que comme la conséquence ou l'effet d'une cause unique, dominant tous les détails de l'investigation.

On serait arrivé plus promptement en partant de l'origine de la vitalité, et en suivant les conséquences phénoménales qui en découlent, on aurait ainsi atteint les effets qui se seraient expliqués d'eux-mêmes.

Il est toujours inutile, en fait de recherches, de commencer par étudier les points éloignés avant celui de départ, la circonférence d'un cercle avant le point central et les effets avant la cause.

La cause des maladies des végétaux prend son origine dans le sol, les effets se produisent à l'extérieur, et comme conséquence synthétique, ils ne peuvent pas ne pas se produire.

Ne pouvant faire mieux, les explorateurs ont toutefois

constaté consciencieusement les effets produits jusqu'alors, pour servir ultérieurement à l'étude des causes primordiales.

Nous allons relever les principaux points consignés dans les différents rapports et ouvrages que nous avons lus ; nous croyons devoir faire de chacun de ces points et du résumé de nos idées, tous les rapprochements dont ils sont susceptibles.

Cependant, avant de passer à la nomenclature de ces points, nous devons signaler une des causes principales qui empêchera longtemps encore, la science d'asseoir son jugement définitif.

Cette cause est, nous le déplorons, l'impossibilité où les hommes compétents se trouvent, de pouvoir scruter par eux-mêmes tous les détails de la maladie.

Il faut, pour être plus apte aux recherches des particularités fondamentales de la question, être cultivateur-né et pratique, malheureusement la plupart de ceux qui sont dans ce dernier cas, font systématiquement obstacle à la découverte de la vérité, les mécomptes qui résultent toujours de calculs où les principaux éléments manquent, blessent l'amour-propre du cultivateur, ne procédant pas d'après les prescriptions de la science, et qui a cru, cependant, réunir tous ces éléments ; et parce qu'il n'a pas obtenu le succès qu'il espérait, il se raidit contre la solution du problème, et de bonne ou de mauvaise foi, il cherche désormais à embrouiller cette question.

Chaque homme juge des choses en général, selon les impressions qu'il en reçoit, et ces impressions toujours basées sur une secrète propension d'intérêts ou d'amour-propre personnels se traduisent souvent par un sentiment de prévention, équivalant à une quasi-conviction anticipée.

Tel est mû par des vues d'intérêt sordide, les choses hu-

maines présentent cela de bizarre ; que les plus grandes ca-
lamités profitent toujours à quelqu'un !

Tel autre, chez lequel l'égoïsme est passé à l'état chro-
nique, est entraîné à son insu dans un système exceptionnel,
qui le porte à traiter la question sur toutes ses faces qui
présentent le plus d'ambiguités ; il semble qu'il doit, en
adoptant des idées excentriques comme son égoïsme même,
ne devoir traiter que les contradictions, les exceptions et les
particularités les plus rares et plaider à outrance contre les
généralités les plus fondamentales.

Tel autre encore, consulté par les hommes de la science,
se croyant par là même, posséder plus de connaissance que
son orgueil n'en accorde à ceux qui le consultent, se fait un
malin plaisir d'ergoter contre les probabilités ; ne pouvant
saisir le fond de la cause par lui-même, ce demi-savant fait
tout ce qu'il peut pour semer le doute chez son interlocu-
teur, et quand, par la confiance qu'il a usurpée, il a su
brouiller la centaine, il triomphe narquoisement aux dépens
de la science, en semant contre elle les diatribes les plus ab-
surdes, endoctrinant à sa manière les gros bonnets et le
magister de son village.

C'est ainsi, qu'éloignant la solution des difficultés que la
question présente, il se fait aux yeux de la multitude, le vain
mérite de prophétiser l'insolubilité du problème.

Oiseau de mauvais augure, qui arrêtez ainsi l'élan du
plus grand nombre des cultivateurs, vous serez débordé par
les hommes studieux, qui ont la force de mépriser vos mécomptes, vous aurez brièvement joui d'une célébrité apo-
cryphe que vous avez usurpée sur la crédulité publique.

Dans nos visites aux environs de Paris, ayant soin d'é-
carter quelques légères exceptions que nous pourrions ex-
pliquer, et nous appuyant toujours sur la majorité des cas,

nous avons constaté que généralement, les treilles les plus fortement attaquées sont presque toutes situées près de monceaux de terres nouvellement extraites ou remuées, de carrières récemment ouvertes, de fumières ou de ruisseaux ou cours d'eau temporaires, charriant des détritus de matières végétales ou animales ou des dissolutions minérales.

Nous allons citer quelques-uns de ces cas. (Voir 1° page 25, Carrière de Passy.)

Près d'une fabrique de tuyaux de drainage, à Saint-Ouen-Fontenailles (Seine-et-Marne), sont amoncelées près de cent mètres cubes de terre, extraite depuis un an pour l'alimentation de l'usine, dont les talus approchent à deux mètres du mur contre lequel une treille est attaquée de la maladie au premier chef.

Les pluies printanières ayant tombé sur ces terres possédant encore toutes les substances minérales qu'elles contenaient originellement, ont dissous ces substances; une partie de ces eaux, saturées de ces éléments, se sont infiltrées dans le sol libre et ont alimenté les racines de la plante; une autre partie de ces mêmes eaux s'est évaporisée lors de l'élévation de la température, ces vapeurs se sont attachées aux feuilles naissantes de la même plante.

Aussi, l'on voit cette vigne frappée des deux principaux cachets de la maladie.

1° La pousse nulle et l'aspect moribond de la partie ligneuse, ayant pour cause l'alimentation d'eaux chargées outre mesure de principes ferrugineux et sulfureux.

2° L'erineum et l'oïdium, sévissant très-rigoureusement contre la feuille et contre les grappes, ayant pour organe placentaire et pour premier aliment, le produit des vapeurs émanant de cette terre et condensées sur les feuilles et sur les fruits.

Dans le village de La Chapelle-Gauthier, même département, un ruisseau, à l'ouest d'une rue rapide, amène les eaux ménagères et celles des fumières perpendiculairement à la route, et près la fontaine, toutes les vignes de ce côté sont malades, tandis que celles disposées à l'est de la même rue, sont exemptes.

A Noisy-le-Sec, une vigne en treille, dans sa force, plantée sur la rue, à deux ou trois mètres en amont d'une porte cochère, par laquelle débouche à la suite de pluies un ruisseau alimenté par les eaux des fumières, toute la partie de cette vigne vers le ruisseau est gravement malade, tandis que la partie de la même vigne en amont vers Romainville est restée saine ; cette dernière partie a poussé de longs sarments et la première est restée rabougrie.

Sur la remarque que j'en ai faite au propriétaire, et appelant son attention sur ces particularités, il me répondit fort ingénument que je me trompais et que la nature de cette maladie était tout simplement le choléra des vignes !

C'est aux portes mêmes de Paris que des propriétaires raisonnent ainsi !

Hommes de la science, je vous ai cité des faits, j'en citerai encore, ne dédaignez pas de me lire tout au long et de me réfuter si je me trompe, mais, au nom de l'intérêt public, je vous engage à méditer mes réflexions et mes citations.

RAPPROCHEMENT DE NOS OBSERVATIONS

ET DES

PARTICLUARITÉS RAPPORTÉES PAR LES EXPLORATEURS DES MALADIES DE LA VIGNE.

Premier point.

« Les extrémités desséchées des sarments présentaient un tissu cassant et
« noirci à l'intérieur. »

Ces altérations des tissus ligneux de la vigne sont sem-

blables à celles que nous avons reconnues dans le pommier ; elles attestent, dans les deux cas, la présence de la
même cause morbifique, c'est-à-dire, l'alimentation du végétal par une sève ascendante de mauvais aloi.

Nous avons expliqué ci-dessus *(page* 12) la cause. le caractère et le parcours dans l'intérieur de la plante, ainsi que
les effets produits par une sève ascendante corrompue.

Deuxième point.

« Des vignobles entiers ont subi la maladie, quelquefois une partie seule-
« ment d'un même plant, ou encore une partie des grappes du même
« pied. »

Dans une même vigne, il peut se présenter quelques va-
riations dans la constitution géologique du sol ; des parties
du terrain peuvent être plus poreuses ou plus profondément
perméables, et laisser pénétrer les eaux davantage ; dans ce
cas, moins de vapeurs ont dû se produire sur ces parties de
la surface, et, par conséquent, moins de matières propres à
fixer les spores.

Si, sur un même pied, quelques grappes ou parties de
grappes seulement ont été atteintes, ces variantes, dans l'intensité de la maladie, constatent les différents degrés de force
et d'étendue de la cause agissante, entre son innocuité absolue et sa malignité la plus rigoureuse, c'est-à-dire, que
cette cause agissante (le cambium vicié) a pu perdre de son
intensité au fur et à mesure de sa descente, et arriver ainsi,
dépourvue de sa qualité malfaisante, dans certaines romuscules
inférieurs ; de même aussi, les produits de la vaporisation et
les sporules cryptogamiques, ont pu être distribués inégale-
ment par un vent tourbillonnant autour de la plante, se fixer
aux feuilles et aux fruits sous-le-vent, et ne pouvoir tenir sur

ces appendices exposés au vent-debout; toutes ces variantes
ne doivent plus surprendre quand on comprend, physiologiquement, les perturbations intérieures qui peuvent surve-
nir dans la distribution ou l'emploi des éléments nutritifs,
et météorologiquement, les accidents partiels et généraux
qui se produisent à l'extérieur.

Troisième point.

« Les jeunes vignes ont souvent plus souffert que les vieilles. »

Ces circonstances se présentent aussi chez le pommier,
elles témoignent de la similitude des procédés de culture.

Le cultivateur des vignobles où l'on n'emploie pas les fumiers pour engrais, ayant, quoi qu'on en dise, depuis peu
d'années augmenté insensiblement, et peut-être à son insu,
la hauteur des labours, a placé les racines de la vigne dans
une région un peu plus profonde; là, elles ont trouvé,
comme celles des pommiers, les divers agents nuisibles que
nous avons signalés à l'égard de ces derniers, c'est-à-dire,
des substances minérales non dissoutes.

Dans les vignes où l'on emploie les fumiers, les résidus
de ces engrais se sont joints aux mêmes substances minérales.

Voici un fait dont les conséquences n'échapperont à personne.

Il n'est pas probable que les vignes, pas plus que les pommiers de l'âge en réalité le plus invulnérable, aient été plutôt atteints que les plants ayant dépassé le point culminant
des forces vitales, s'il n'y avait chez les vignes, comme chez
le pommier, une modification récente dans les formes du la-

bourage et de la plantation, dont on n'avait pas fait usage pour les anciens plants mieux conservés.

Ou la cause émane du sol, et alors tous les plants seront attaqués également, si, dans tous les terrains de même nature, toutes les conditions de culture sont les mêmes;

Ou cette cause vient de l'atmosphère, et par conséquent il n'y aura pas d'exemption, surtout en faveur des plants les plus anciens, où la dose de forces vitales est atténuée, et par conséquent, les rend moins propres à combattre les effets du mal.

Mais si tous les plants ne sont pas attaqués également sur tous les terrains de même nature, il y a donc de la variation émanant, non du sol ni de l'espèce de plant, puisqu'ils sont les mêmes, mais des procédés de culture.

Si tous les plants exposés aux mêmes influences météorologiques, ne sont pas uniformément attaqués, il y a donc un principe inhérent à la vitalité même, qui en préserve souvent certains pieds, disposés au milieu ou en ceinture, d'un grand nombre vivement attaqués.

Donc, la cause n'émane uniquement ni du sol, ni de l'atmosphère, ni des sporules cryptogamiques.

Combinant ces propositions, on ne peut obtenir d'autre résumé que celui-ci :

Oui, la cause émane de l'imperfection des procédés de culture; cette cause n'est autre chose, comme nous l'avons déjà décrit, que l'aliment de la plante plus ou moins vicié, secondé par le produit de la vaporisation des eaux corrompues dans le sol.

L'effet inséparable de la cause se caractérise par la présence des sporules cryptogamiques, attaquant d'autant plus vivement que les éléments de la cause se prêtent à les seconder; et comme les lésions sont toujours mesurées sur l'intensité de la cause, il en résulte que là où cette cause cesse, les effets s'annihilent complétement.

Quatrième point.

« L'irrigation a augmenté l'intensité du mal. »

Nécessairement, une plus grande imprégnation du sol a servi d'aliment à une vaporisation plus importante, surtout si l'imprégnation a eu lieu, comme tout porte à le supposer, après que la quantité d'eau nécessaire comme sève ascendante a été produite, l'irrigation se pratiquant le plus ordinairement au commencement des chaleurs.

Cinquième point.

« La pluie a amené un temps d'arrêt dans la maladie. »

Les quatrième et cinquième points semblent présenter une contradiction difficile à résoudre à l'aide du même système, mais examinée de près, cette difficulté disparaît.

Si, au moment où la vaporisation première allait pousser ses produits à la surface, il est survenu quelques jours de pluie, cette eau a pénétré immédiatement dans le sol, sous la forme liquide, elle a abaissé la température à la surface, refoulé et condensé, pendant sa descente, les vapeurs ascendantes plus légères qu'elle.

La dose de principes émanant de la vaporisation première, antérieure à la pluie, n'étant pas encore déposée en quantité suffisante pour fixer les spores des cryptogames, ces dernières ont été poussées plus loin par les vents, ou sont tom—

bées par terre en glissant sur les feuilles, encore saines des produits mucilagineux de la vaporisation interrompue.

Le moment d'arrêt de la maladie a duré pendant le temps de cette pluie, et celui nécessaire à une nouvelle élévation de température à l'intérieur du sol et à la vaporisation de l'eau nouvellement introduite; mais une recrudescence de symptômes a certainement eu lieu, peut-être moins préjudiciablement, quoique plus importante, que n'eût été la dose première, parce que, détournée de sa précocité, elle revenait trop tard, une nouvelle volée de sporules n'étant pas survenue.

Sixième point.

« Le vent violent du nord a paru suspendre la maladie. »

La réfrigération des vents septentrionaux, abaissant à la surface la température du sol, a fait grand obstacle à l'abondance de la vaporisation, ou peut-être que, par leur sécheresse, ils ont neutralisé la faible quantité de vapeurs produites; ou, par leurs forces, ils ont enlevé les sporules hors de la vigne.

Septième point.

« Dans certains cas, une bonne culture et les fumures ont atténué les effets « de la maladie. »

De fortes fumures sur un sol profondément spongieux, cultivé convenablement, ne sont pas aussi dangereuses que sur un sol compact et imperméable.

C'est sans doute la vaporisation elle-même qui, dans ce cas, a subi l'atténuation que l'on a pu remarquer dans les effets de la maladie; par conséquent, l'absence de matière gluante ou organe placentaire, a refusé d'admettre l'implantation des sporules.

Huitième point.

« Les vignobles auxquels on ne donne pas d'engraissement ont été attaqués. »

Comme nous l'avons déjà dit, cette maladie peut se produire sous l'influence de deux agents distincts, procédant chacun par deux voies différentes; ils peuvent agir isolément ou simultanément, et, dans l'un comme dans l'autre cas, occasionner la même maladie, c'est-à-dire, la mort plus ou moins lente du plant, ou, au moins, l'invasion des sporules cryptogamiques.

Les eaux corrompues par les substances minérales dissoutes, mises en contact avec les organes sécréteurs de la végétation, s'inoculent comme un venin mortel, et conduisent rapidement à la décomposition des tissus, suintent par les fissures de l'exfoliation, ou exsudent par les pores de ces tissus leurs molécules les plus déliées et les plus gluantes, témoin la vigne de Saint-Ouen—Fontenailles, treillagée sur les murs de l'usine.

Ces produits, moins acides que ceux suintant des racines, peuvent permettre aux insectes de séjourner, mais à plus forte raison aux sporules, dont les moyens physiologiques d'existence ne sont pas aussi sensibles.

Le cambium corrompu, suintant à l'air libre, et le produit trop dense de l'exhalation que l'on trouve figé sur les feuilles de la plante pléthorique, tiennent lieu, par leur consistance, du produit de la vaporisation des eaux d'engrais, qu'engendrent ailleurs ces mêmes engrais seuls, c'est-à-dire, qu'ils servent de placenta aux sporules cryptogamiques ou autres mucédinées, et ce, à titre égal.

Neuvième point.

« La température élevée de l'atmosphère, la richesse et l'humidité du sol
« combinées, activent singulièrement le développement et la fructification
« de la cryptogamie parasite. »

Il n'y a rien d'étonnant dans ce résultat ; ce sol riche contient plus de matières végétales et animales en décomposition, son humidité relativement plus retenue, vaporisée par l'élévation de la température, emporte avec elle une plus forte dose d'exhalaisons et de miasmes, et, par ainsi, plus et de meilleurs matériaux à la couche de mucosité, nourrissant d'autant plus abondamment les sporules, les rend par conséquent plus fécondes.

Dixième point.

« Quelques observateurs doutent encore de la propagation contagieuse des
« sporules cryptogamiques. »

Dans les pays où l'ensilage est pratiqué, on a constaté que, dans les champs où l'on avait rempli les fosses ou silos avec la terre qu'on en avait extraite, les betteraves ont donné, sur l'emplacement de ces silos, des racines entièrement exemptes, tandis que dans les intervalles, entre les fouilles ou silos, qui avaient reçu les mêmes semences, les racines saccharifères ont été fortement atteintes.

La cause de cette différence pathologique s'explique ainsi :

L'ameublissement ou la perméabilité du terrain opérée sur une masse plus profonde à l'emplacement des silos que sur les intervalles, les eaux y ont pénétré plus profondément ; la même quantité relative d'eau, distribuée dans cette couche plus épaisse, a dû produire, en raison de sa grande dissémination, moins de mauvais effets ; elle a fourni moins de matériaux à l'évaporation, et, d'ailleurs, les vapeurs ont été mieux filtrées dans cette couche plus épaisse de terre meuble, et ont arrivé inoffensives à la surface ; mais on ne peut pas défoncer généralement les terres à plusieurs mètres de profondeur, comme on le fait sur des surfaces très-restreintes pour l'ensilage.

L'origine de la vaporisation étant assise sur une base plus éloignée de l'extrémité des racines, ces dernières se trouvant trop distancées du point de départ pour pouvoir réunir près d'elles une certaine quantité de vapeurs ascendantes, et leur servir de conducteur, la réunion de ces vapeurs en un foyer de condensation n'a pu avoir lieu, tandis que sur les espaces intervallaires des silos, tous les accidents inhérents aux terres non drainées ou non défoncées, se sont produits.

Comment croire, après cela, à la contagion des sporules, quand on voit, dans un même champ, où la culture, la semence, les soins partout semblables, la maladie frapper régulièrement sur une espèce de labour, et épargner l'autre comme pratiqué sur une terre défoncée, en suivant rigoureusement la même symétrie (relative aux fouilles précédentes des silos) que celle que l'on observe sur les cases bicolores d'une tablette d'échiquier.

Cette démonstration est, à un degré bien supérieur, applicable à l'époque de la première invasion sérieuse, 1851, au temps où les cryptogames anciens, non encore transformés, glissaient sur les feuilles les moins chargées de matières vaporisées, et où ceux en voie de transformation ne se fixaient encore que sur celles fortement enduites de ces matières; mais, depuis cette première époque, ces derniers se sont tellement fortifiés, qu'ils se fixeraient actuellement avec moins de peine sur une feuille moins riche en moyens nutritifs; de sorte que les cryptogames non encore modifiés, continuent toujours à se fixer sur les feuilles riches; de là, ils passent sur les grappes, subissent encore une nouvelle modification progressive qui les rend, à leur tour, aussi forts, aussi désastreux que ceux déjà perfectionnés.

Il serait bien possible qu'actuellement les fouilles de l'ensilage dans un même champ ne fussent pas aussi nettement distinguées, car, pour l'assainissement des terres, il y a loin entre le résultat obtenu par de simples défoncements et celui obtenu par un drainage bien fait.

Onzième point.

« Dans plusieurs vignes on a vu reparaître la maladie après le drainage
« des terres. »

Sans s'arrêter ici à l'imperfection bien possible de quelques travaux de drainage, on comprend qu'il faut le temps nécessaire à l'eau de pluie ou d'irrigation pour se faire jour et établir régulièrement l'infiltration à travers les terres non remuées dans les espaces intervallaires des lignes de drains et de nettoyer le sol des eaux anciennement corrompues, ainsi que de dissoudre et entraîner les substances minérales encore solidifiées au moment du drainage, de sorte que la maladie peut être suivie d'une convalescence de plusieurs années après l'opération.

L'interprétation de tous ces points convergeant sur un même centre, présente une idée que nous croyons admissible comme notre système, c'est-à-dire. que les sporules cryptogamiques et autres mucédinées, ont été de tous les temps et sont de tous les lieux; poussées par les vents ou entraînées par les brouillards, elles sont déposées au hasard, où la force d'impulsion cesse; si la surface sur laquelle elles sont déposées est sèche et exempte d'exsudation gluante, les sporules glissent et tombent, mais le peu de matière gluante attachée aux surfaces suffit pour les retenir et les fixer.

Si un point de la surface des parties d'un végétal quelconque était couvert de glu , nécessairement les sporules y resteraient attachées. C'est ce qui arrive quand ces surfaces sont enduites des produits mucilagineux de la vaporisation tels que nous les avons décrits, mais quand la faculté extraordinaire de germination et les moyens de l'existence embryonnaire leur sont refusés, elles tombent par terre, périssent ou restent inoffensives.

On a cru généralement de ce que la maladie de la vigne a commencé en Angleterre, que cette maladie a dû traverser la Manche; non, ce n'est point la gent cryptogamique qui a traversé le canal, c'est le mode de culture forcée pratiquée dans les serres, par l'emploi d'une quantité excessive d'engrais et d'arrosements, par l'élévation artificielle de la température et l'ébauche ou le commencement du perfectionnement de l'agriculture , les labours plus profonds et l'engraissement plus substantiel des terres arables, qui, heureusement, ont franchi cet espace.

Que les Anglais, les Français et autres, qui veulent continuer la culture des végétaux en serre chaude, proportionnent la dose d'engrais aux besoins de la plante, avisent aux moyens d'empêcher, par un écoulement suffisant des eaux d'arrosement, la vaporisation de ces mêmes eaux et que ceux qui veulent approfondir la couche perméable des labours et perfectionner l'amendement des terres, fassent drainer leurs champs avant les semis et les plantations, et que ceux qui ont déjà fait drainer habilement, patientent, un court délai procurera le succès à tous.

DEUXIEME PARTIE.

DU DRAINAGE COMME MOYEN PRÉSERVATIF DES MALADIES DES VÉGÉTAUX.

Le moyen le plus puissant pour obtenir de l'agriculture une augmentation importante des produits du sol et d'empêcher la continuation des maladies actuelles des plantes, consiste principalement dans l'assainissement des terres, leur amendement bien conditionné et dans la plantation mieux dirigée des végétaux cultivés.

Le drainage habilement établi remplit le but d'assainissement désiré, il empêche la stagnation des eaux dans le sol et ainsi prévient aux dangers toujours très-graves de la vaporisation de ces eaux, après leur corruption.

Avant d'analyser les avantages de cette opération, nous allons réciter sommairement quelques lignes de description, laconique et claire, que nous trouvons dans une instruction publiée sous les auspices de la Commission hydraulique du département de la Sarthe.

On y lit page 11 :

« Qu'est-ce que le drainage?

« Prenez ce pot de fleurs ; pourquoi ce petit trou dans le
« fond? Je vous le demande, parce qu'il y a toute une ré-
« volution agricole dans ce petit trou ; il permet le renou-
« vellement de l'eau après son évacuation lente.

« Pourquoi renouveler l'eau? Parce qu'elle donne la vie
« ou la mort; la vie, lorsqu'elle ne fait que traverser la
« couche de terre ; d'abord elle lui abandonne les principes
« fécondants qu'elle apporte avec elle, ensuite elle rend so-
« lubles les aliments destinés à nourrir la plante. La mort,
« au contraire, lorsqu'elle séjourne dans le pot, parce qu'elle
« ne tarde pas à se corrompre et à pourrir les racines, puis
« elle empêche l'air et l'eau nouvelle d'y pénétrer.

« Le drainage n'est autre chose que l'application à l'agri-
« culture du principe rendu sensible par la présence du trou
« du pot de fleurs. »

L'assainissement des terres par le drainage bien établi amène invariablement des résultats très-avantageux, constatés d'ailleurs par l'expérience.

Ainsi, c'est par de simples tranchées creusées à un mètre au moins de profondeur dans des directions que suggère l'inspection des lieux et que prépare une étude approfondie du travail, qu'on établit comme conducteurs des eaux, un cours continu de tuyaux en poterie posés jointifs et d'about.

Cet aqueduc de nouvelle espèce construit d'après les exigences de la nature du sol et les règles souvent difficiles du nivellement, de l'hydrodynamique et de l'hydrostatique, recouvert avec la terre de la fouille convenablement replacée,

tels sont les moyens émanant des connaissances de l'ingé-
nieur-draineur et de la pratique du travail manuel.

Quant aux résultats généraux, ils se révèlent ainsi.

D'abord la surface de terre fouie devenue poreuse, la
pression de l'atmosphère aidant, attire avec facilité, par son
propre poids, la quantité d'eau de pluie ou d'irrigation versée
ou conduite sur cette surface, cette eau parvenue au fond des
drains, secondée par l'action de la capillarité et du courant
d'air, remonte dans l'aqueduc par les solutions de continuité
qui se rencontrent à la paroi inférieure des tuyaux.

La porosité ainsi acquise par le volume entier de la terre
de la tranchée, se propage continuellement de proche en
proche jusqu'à une distance d'écartement relative à la profondeur de ces tranchées, la partie du sol (en prenant d'abord
à la surface près et de chacun des côtés de la tranchée)
commence dès les premières pluies par s'ameublir sous l'effort de l'égouttement incliné des eaux, vers la porosité factice
première, les secondes pluies ou celles continuées prenant
successivement la même direction, mais toujours à une profondeur en rapport avec l'éloignement du point de départ,
c'est-à-dire qu'elles suivent toujours par imbibition parallèle
et de biais, la première impulsion donnée, de sorte que,
dans un délai d'un hiver humide pour certaines terres, de
deux ou de trois au plus pour les plus rebelles, l'infiltration
factice des eaux s'opère d'une distance de cinq à six mètres de
chaque côté.

On comprend donc qu'il est utile de ne pas trop éloigner
les lignes des drains, dix mètres, par exemple, d'abord parce
que l'assainissement d'un champ étant plus tôt opéré, l'on recueille plus promptement la récompense du travail, ensuite ce
mode de drainer les terres, comporte la perfection même de
l'assainissement.

4

En Angleterre et ailleurs on a éloigné les lignes de drains jusqu'à quinze et vingt mètres et l'on a assis les tuyaux à cinquante et soixante centimètres de profondeur, aussi, on trouve très à propos de refaire ce travail pour rapprocher les lignes et placer les tuyaux plus avant.

Le mérite encore inapprécié de ce nouveau moyen d'assainissement a cependant fixé l'attention des hommes de progrès.

En France, la Brie et le Beauvoisis ont eu l'heureux privilége d'être initiés les premiers à ce nouveau mystère de Cérès et les cultivateurs de ces pays se font gloire de faire partie de ses plus sincères adeptes.

Quant aux autres parties de la France, deux choses ont dans l'origine fait défaut à la propagation de cet art ; d'abord le trop petit nombre d'hommes-pratiques assez haut placés pour faire des essais et prêcher d'exemple, ensuite le zèle mal entendu de quelques agronomes théoriciens ; la brillante imagination de ces derniers s'est appliquée à faire ressortir avec trop d'entraînement, des calculs séduisants, pour réduire excessivement la dépense ; c'est ainsi que quelques-uns avancent que l'on a pu faire drainer à des prix fabuleux. Les cultivateurs qui ont essayé sur ces données captieuses, ont éprouvé de grands mécomptes ; mais à présent il faut attaquer sérieusement la question.

Cet art exige des connaissances étendues sur tous les détails du travail, et pour coûter peu, il doit être exécuté en grand et par entreprise ainsi que nous l'avons vu faire en Brie. Dans ce pays où l'on est actuellement le mieux arrêté sur la forme du travail, on draine généralement à 1 m. 20 les lignes espacées à 10 m. Cette méthode opératoire exige une dépense de 300 à 350 fr. par hectare, soit à quatre et demi pour cent, une charge annuelle de 13 fr. 50 à

15 fr. 75 ; or, il est de règle générale que le revenu du sol se trouve augmenté de trente à cinquante et plus pour cent, donc l'opération est à juste titre reconnue comme excellente et vivement poursuivie.

En agriculture, la science des mécomptes nous apprend que rien ne doit y être mal fait, et il vaudrait bien mieux ne pas drainer du tout, que de drainer imparfaitement.

Dans le cas de drainage habilement conçu et bien exécuté, les eaux se mettent en mouvement immédiatement après leur chute, elles se dirigent par les porosités du sol que la pression de l'atmosphère entretient, elles se filtrent dans ce parcours, c'est-à-dire qu'elles se dépouillent au profit du sol qu'elles traversent, de tous les principes vivifiants et fertilisants qu'elles contiennent de leur nature, mais encore de ceux résultant de la décomposition des matières végétales et animales des engrais, en sorte qu'elles arrivent aux drains avant d'avoir eu le temps de se corrompre, s'écoulent entièrement par les aqueducs et aucunes molécules de ce fluide ne reparaît à la surface sous forme de vapeurs, par conséquent, l'origine conductrice des exhalaisons et des miasmes pestilenticls étant supprimée, la salubrité devenue parfaite, fait oublier toutes les maladies animales et végétales qui émanent de ce principe morbifique.

Ce court exposé n'est que la préface des avantages généraux du drainage.

Presque toutes les espèces de terrains ont besoin de cet énergique et puissant moyen d'assainissement ; nous entendons par là ceux qui présentent au moins un mètre d'épaisseur au-dessus du roc.

Les terres basses de bonne et de mauvaise qualité, les terres élevées horizontales ou inclinées, les terres fortes, froides ou argileuses, marneuses ou crétacées, celles des landes et bruyères et surtout celles qui sont de nature imperméables, sont dans ce cas.

Nous exceptons les sables des dunes et d'ailleurs.

Lorsque les pluies tombent sur les terrains dits de bonne qualité, qui paraissent sains et semblent exclure le drainage, ces eaux, pas plus là qu'ailleurs, ne s'anéantissent, celles qui pénètrent dans ces terrains doivent nécessairement reparaître à la surface, soit sous la forme d'aliments absorbés par les plantes, soit sous la forme de vapeurs.

Les vapeurs émanant de ce bon sol sont d'autant plus chargées d'exhalaisons et de miasmes que le terrain est gras, ce sont ces vapeurs produites par des eaux corrompues au milieu des débris végétaux et animaux de l'humus, qui occasionnent les maladies endémiques, lesquelles, par leur fréquence et leurs caractères inconnus, sont souvent qualifiées d'épidémiques. Elles sévissent cruellement sur les habitants ainsi que sur les bestiaux mis aux pâturages.

Que de maladies dont on ignore l'origine et qu'on ne peut pas toujours guérir, n'ont pour cause principale et quelquefois unique, que l'action morbifique de l'évaporation des eaux corrompues dans le sol, absorbées par les organes respiratoires des individus, sous la forme de vapeurs souvent invisibles, de brouillards ou de rosées.

Chez les animaux herbivores, le mode de station qui leur est propre, les assujettit à aspirer les effluves de l'intérieur immédiatement au sortir du sol et lorsqu'elles possèdent encore au plus haut degré leurs propriétés délétères encore indivisées; les maladies de pied, le fourchet, le piétin, le charbon, le mal de bois, l'hématurie, l'apoplexie, les coups de sang et autres accidents pathologiques, provenant du sang et des humeurs n'ont bien souvent pas d'autre origine.

Pendant les premiers mois des chaleurs printanières et

estivales, l'aspiration pulmonaire des bouffées de vapeurs surexcitantes produit sur l'animal un stimulant excessif des forces vitales du sang et en même temps paralyse la résistance des tissus de tout le système vasculaire qui le contient.

L'homme lui-même, ressent ces prodromes par l'ébullition du sang qui provoque le point de côté ou l'étourdissement, toujours accompagné de prostration, d'abattement et de mollesse dans tout son être, constamment suivi de sueurs, se donnant jour avec difficulté, à cause de l'atonie générale des tissus cutanés.

On comprend que si, d'une part, le sang, dont les mouvements deviennent d'autant plus irréguliers qu'ils sont vifs, et que, d'autre part, les vaisseaux qui le contiennent s'exténuent par la fatigue même qu'ils éprouvent de ce travail exagéré, joints à l'influence morbifique des vapeurs délétères, agissant encore sur l'organisme entier, on comprend, disons-nous, que cet état anormal des tissus vasculaires dispose ces vaisseaux à une rupture violente; le plus léger coup de soleil avenant, l'hématurie ou l'apoplexie surviennent brusquement.

L'aspiration poreuse se charge de produire les maladies qui proviennent des humeurs.

Que d'espèces d'herbes, plus aptes à recueillir du sol les principes vénéneux et dont l'animal fait sa nourriture, sont toujours couvertes ou enduites du produit méphitique de la vaporisation! ainsi introduites dans le tube digestif, elles prêtent leur concours aux effluves émanant du sol et ainsi hâtent en commun le développement des affections morbides.

Que de malaises permanents tiennent cet animal dans un état de langueur et de souffrances continuelles, qu'il n'éprouverait pas sur le même terrain drainé habilement et ne produisant plus de vapeurs, lesquelles souffrances, sans présenter tous les caractères d'une maladie grave, l'empêchent pourtant de croître, d'augmenter, d'engraisser ou de donner des produits lactaires, selon les cas et la destination du sujet.

Dans les contrées où les animaux vivent en liberté dans les enclos de pâturages abondants, le cultivateur a bien soin de se procurer les espèces qui présentent un tempérament plus froid et une constitution physique plus rude et plus dure et par conséquent plus résistante aux influences des fonds de terre trop forts et aux dangers du sang, mais aussi moins propres à l'engraissement prompt et abondant, ou moins riches en dispositions lactifères.

Si le cultivateur et l'herbager se rendaient bien compte de la somme des pertes apparentes ou occultes qu'ils éprouvent, occasionnées par le choix forcé de l'espèce d'animaux convenables aux fonds qu'ils cultivent, mais bien souvent les moins productives, et par l'effet de la vaporisation des eaux sous-jacentes; bien assurément qu'ils solliciteraient le drainage partout, mais plus particulièrement dans les meilleurs fonds d'herbages et de labours, lesquels, comme on le voit, en ont quelquefois plus de besoin que les autres.

Ce serait le meilleur mode d'assurance contre la mortalité des bestiaux et l'un des moyens les plus sûrs pour obtenir de bons produits et des résultats plus abondants, car, comme on le comprend déjà, le drainage, assainissant les terres, les dispose à produire plus précocement et meilleur, et soutire de leur sein les principes morbifiques qu'elles recèlent.

Le drainage appliqué aux terres compactes, sèches, basses ou élevées, les rend en général plus poreuses, les dispose à l'introduction immédiate de l'eau de pluie, de l'air et des gaz atmosphériques fertilisants, lesquels eaux et gaz ne sont jamais en trop grande quantité lorsqu'ils ne font que passer sans stagner dans les couches supérieures du sol et lorsqu'ils s'assimilent immédiatement selon le besoin des plantes.

Le résidu s'écoulant promptement par les drains, n'a pas le temps de contracter aucune propriété malfaisante et ne remonte jamais à la surface.

Ce résidu tient en descendant le sol constamment frais sans humidité nuisible, empêche le crevassement des terres les moins compactes et prévient ainsi les conséquences de la sécheresse; mais dans les terres plus denses, la chaleur, en procédant à l'évaporation des eaux de pluie, provoque nécessairement le retrait des parties moléculaires du sol, ce retrait produit des solutions de continuité intérieures ou crevasses, qui laissent apercevoir dans les parois de leurs canaux, l'orifice de petits canalicules, subdivisant progressivement les particules de ce sol en raison directe de leur incompacité, de sorte que la terre compacte se trouvant crevassée en tous sens jusqu'à une grande profondeur, aspire avec excès le calorique des rayons solaires et les vents brûlants de la canicule, subit une dessiccation excessive qui fait périr les plantes, tandis que ce même terrain drainé, devient plus meuble et conserve toujours assez de dispositions à se fendiller pour que le phénomène de la capillarité s'exerce d'une manière d'autant plus énergique que les divisions tubulaires des particules terrestres sont petites, et conserve non-seulement l'existence aux plantes, mais encore les fait pousser d'autant plus que le sol se maintient frais sous la haute température que la nature et la consistance même de ces terres retient davantage.

Les terres froides, reposant sur l'argile plastique, glaiso-siliceuse, glaiso-marneuse, sont dans le cas de celles du pot de fleurs qui ne serait pas percé.

Si ces terres sont en prairies, les joncs, les roseaux, les

laiches, les presles, les mousses y dominent. Si ces terres
sont en labours, certaines espèces de chardons, le pas-
d'âne, etc., viennent en outre et nuisent aux progrès des
grains, les étiolent, font couler les fleurs et avorter les
fruits, la pratique de la charrue est souvent impossible dans
la saison convenable ; les labours mal faits ou exécutés en
temps inopportun, ne laissent aux produits que peu de
chances de salut. Si le terrain est planté de végétaux cultivés,
c'est alors et à la suite de plusieurs hivers humides que l'on
éprouve de grandes pertes de plant et de fruits ; c'est ainsi
que dans quelques cantons de la Normandie on a subi la funeste maladie des pommiers plantés d'après la méthode actuelle et que dans les terrains également non drainés, tous
les autres végétaux ont été plus ou moins vivement atteints
de maladie.

De ce que les racines de saule pénètrent à de grandes
profondeurs dans les terres remuées et humides et s'intro-
duisent quelquefois dans les tuyaux, quelques personnes en
concluent légèrement, que le drainage ne doit pas être fait
dans les terres plantées.

Nous trouvons cette conclusion trop absolue, cependant,
nous pensons comme ces personnes à l'égard, seulement,
des arbres aquatiques, tels que l'aune, le saule, l'osier, le
peuplier, etc.; si l'on drainait les terres plantées de ces
arbres, il faudrait préalablement les faire disparaître et ne
pas les remplacer par des sujets de même essence ou n'en
approcher qu'à une distance égale au moins à leur hauteur.

Mais les arbres non aquatiques, le chêne, l'orme, le pommier et autres arbres fruitiers, la vigne et autres arbrisseaux
et toutes les plantes herbacées, peuvent être drainées sans
craindre les inconvénients que l'on vient de signaler.

Les racines de ces dernières classes ne pourraient pas vivre dans une région trop humide, ces racines mourraient au contact permanent de l'eau, et conséquemment ne s'introduiraient jamais dans les tuyaux des drains.

Sur les terrains dits froids, la chaleur produite par le printemps suffit à peine pour opérer l'évaporation de l'eau retenue dans le sol, et, pendant ce temps, l'air et le calorique bienfaisant ne peuvent y pénétrer, c'est donc seulement après les trois plus beaux mois de l'année perdus à l'évaporation et à l'assainissement des terres, que commence d'agir sur elles la chaleur solaire. Quant aux terres fortes et essentiellement argileuses, elles ont tout à la fois la propriété nuisible de ne pas laisser assez facilement pénétrer l'eau et de la retenir trop fortement lorsqu'elles en sont imprégnées ; il résulte de là que, suivant la saison, elles pèchent alternativement par un excès d'humidité ou par un excès de sécheresse, pendant laquelle elles se fendent sous l'action du soleil et des vents, et dans l'un comme dans l'autre cas, elles arrêtent la végétation.

Si ces terres sont cultivées et que l'on vienne labourer trop tôt, le sol est encore détrempé et pâteux, les attelages s'y enfoncent ; si l'on vient trop tard, la terre est tellement dure, que l'on y perd son temps, ses instruments et ses forces.

Dans les terrains secs à base calcaire, schisteux, quartzeux, etc., situés sur des points élevés ou en pente, le drainage produirait des avantages importants, non par rapport à l'assèchement de ces terrains, mais sous le rapport de l'imprégnation, et par conséquent de la retenue des eaux de pluie, facilitée par l'ameublissement plus profond du sol.

Lorsque les pluies tombent sur ces terrains inclinés, la forme et la consistance de ces terres les empêchent de pénétrer, et la pente les entraîne rapidement chargées des matières de l'engraissement portées à grands frais sur ce sol de difficile accès, de sorte qu'il reste, à la suite de ces pluies, appauvri et raviné.

Ces eaux pourraient cependant y être retenues, comme nous l'avons dit plus haut, par l'augmentation de l'épaisseur de la couche de terre plus ameublie et rendue perméable par un drainage profond; l'état de moiteur intérieure que le drainage entretiendrait, faciliterait l'introduction des eaux de pluie immédiatement après leur chute.

Les drains collecteurs dans ces terres en pente tant soit peu raide, seraient posés de biais à la déclivité, et présente-raient au plus cinq pour cent de pente.

Les terres incultivées deviendraient artificiellement fertiles, comme le sont devenues naturellement celles que nous cul-tivons depuis longtemps.

Le drainage à un mètre vingt centimètres de profondeur est préférable à celui de soixante centimètres, et voici pour-quoi : la masse de terre superposée aux drains imitant les fonctions d'un crible à grain ou d'un filtre, étant dans le premier cas d'un volume double, il faut pour l'imprégner complétement d'eau une quantité double de pluie, et pour sa dessiccation d'une manière à devenir préjudiciable pendant le temps de grandes sécheresses, il faut également le double de temps; on comprend l'utilité des délais dans l'un et dans l'autre cas.

Le drainage présente donc un double avantage, d'abord de retarder, sinon de les annuler, les conséquences de l'exces-sive abondance d'eau, dont une quantité donnée. versée par les pluies ou par l'irrigation se trouve disséminée dans un ré-ceptacle de capacité double, et ensuite d'empêcher les ef-fets de la sécheresse de se produire aussitôt.

Dans tous les terrains drainés, l'assainissement s'opère au fur et à mesure de l'imbibition des eaux de pluie, ces eaux s'écoulent sans le secours toujours funeste de l'évaporation.

Le sol est disposé dès le commencement du printemps à recevoir l'action bienfaisante des éléments météorologiques, les primeurs de toutes sortes sont plus succulentes et plus précoces, et la salubrité publique améliorée par la suppression des vapeurs délétères.

On pourrait craindre que les eaux en descendant au travers de la couche de terre amendée, n'enlèvent avec elles dans leur cours continu, l'essence même de l'engrais, la transportent au dehors par le canal des drains, et n'appauvrissent d'autant le sol.

On doit se tranquilliser sur ces craintes, les drains étant à une profondeur d'un mètre vingt centimètres minimum, les eaux, moins celles retenues par le phénomène de la capillarité, traversent cette couche importante de terre sous la forme de transpiration lente, ténue et disséminée à l'infini, par conséquent arrivent aux drains parfaitement filtrées et dégagées de toutes les molécules ou particules matérielles, ainsi que de tous fluides liquides ou gazeux fertilisants. Elles descendent toujours à l'état de condensation : le propre des vapeurs est de tendre toujours vers la direction ascensionnelle ; il s'échappe plutôt à la surface avec le produit de cette dernière conversion chimique de l'eau (les vapeurs) beaucoup de principes fertilisants.

On doit au contraire se féliciter d'avoir un moyen sûr dans l'évacuation souterraine de cet élément encore condensé, pour éviter la vaporisation toujours si dangereuse sous tant de rapports.

Ce mouvement a lieu d'une manière continue depuis la surface du sol jusqu'au fond des drains, permet aux eaux pluviales restées saines et à l'air qu'elle entraîne, de désagréger en descendant les molécules du sol, de les rendre en les divisant plus poreuses, de nourrir et de rafraîchir la plante, et de déposer comme sur un filtre les substances fertilisantes qu'elles tiennent en suspension ; l'adhérence des terres argileuses considérablement atténuée, le degré de perméabilité qu'elles acquièrent les rend très-favorables à l'agriculture.

Le drainage élève le climat, et sans accroître la chaleur estivale, il rend les récoltes de toutes espèces plus hâtives, et par conséquent meilleures, plus abondantes et surtout plus assurées.

L'influence du drainage est si grande sur la modification de la température intérieure, et sur la consistance du sol, qu'en temps de neige, on reconnaît à la surface, le tracé souterrain des lignes de drains nouvellement établis, le sol par l'élévation constante de la température à l'intérieur, fond cette neige d'autant plus promptement qu'elle est tombée plus près de ces lignes, et la neige reste plus longtemps en forme de sillons sur les espaces intervallaires.

Il est temps de sortir du champ des discussions purement théoriques, il faut entrer dans le domaine de la pratique des expériences.

Il faut, pour donner généralement l'élan, que des propriétaires ou cultivateurs habitant des contrées où les maladies des végétaux ont sévi avec le plus de rigueur, fassent des essais sur une petite échelle, sur un hectare, par exemple.

On reconnaîtrait ces champs d'expérience, comme des oasis au milieu des champs infectés, offrir leurs belles pousses exemptes de maladies, comme dans les champs où l'ensilage a eu lieu, l'emplacement des silos présenter des parties saines au milieu des intervalles attaqués.

De là on peut inférer que les sporules cryptogmaiques ne sont pas contagieuses, il leur faut nécessairement des motifs puissants d'attraction, pour qu'elles daignent se fixer sur une plante.

Leur grande faculté actuelle de reproduction n'est devenue si prodigieuse que depuis qu'on leur a imprudemment offert, en échange de l'exiguité de leurs moyens anciens d'existence, l'exubérante facilité de germination et de fructification nouvelles.

Si la nourriture factice et l'organe placentaire que leur produit l'évaporation venaient à leur manquer, elles redeviendraient comme autrefois absolument inoffensives.

Le drainage est donc l'antidote corrélatif du labourage profond et de l'engraissement forcé ; en annihilant la vaporisation de l'eau, il fait disparaître l'inconvénient du revers de la médaille, car il rend parfaitement sain l'aliment des plantes.

Le drainage dirigé d'une manière spéciale, en recueillant les eaux de pluie, peut en même temps qu'il produit l'assainissement des terres, servir à l'alimentation des fermes, des bassins, des rivières et des pièces d'eau d'agrément.

RÉSUMÉ.

La cause primordiale de la maladie des végétaux cultivés émane de l'introduction dans l'économie vitale des plantes opérée par l'aspiration des spongioles appendiculaires de leurs radicules), des eaux de pluie ou d'irrigation corrompues par un séjour trop prolongé au milieu des engrais en décomposition, seuls ou joints aux substances minérales ferrugineuses et sulfureuses (ces dernières substances seules peuvent aussi amener le même résultat), atteintes par ces eaux dans une région fouie ou labourée plus profondément qu'autrefois et ensuite dissoutes par elles.

La cause secondaire, inséparable de la première, provient de la vaporisation de l'excédant des eaux ainsi corrompues dans le sol, qui n'ont pas été employées à l'alimentation de la plante.

Le double emploi des eaux ainsi corrompues amène pour conséquences inévitables :

L'invasion 1° des insectes parasites qui s'attachent par l'intermédiaire des matières exsudées des tiges et des feuilles, transforment ou altèrent par leurs excrétions les sucs de l'intérieur de la plante et l'épuisent en se nourrissant à ses dépens.

2° Des spores des cryptogames, l'erineum et l'oïdium de la vigne, le botrytis de la pomme de terre, les sporules de la betterave et les variétés de même nature encore peu connues, du colza, du blé, du pommier et des autres arbres frui-tiers, etc., lesquelles s'implantent sur les parties ligneuses et herbacées, des tiges, des racines, des feuilles et des fruits préalablement enduits des produits mucilagineux de la va-porisation, confondues avec ceux de l'exsudation morbide venant de l'intérieur de la plante.

Ces attaques directes contre l'existence des végétaux, les accablent de toutes parts, il leur devient impossible d'echap-per aux maladies graves toujours suivies de l'altération ou de la perte des fruits, et pour la plus grande partie de ces vé-gétaux, de la mort plus ou moins lente.

Pour préservatif infaillible, le drainage.

TROISIEME PARTIE.

—

Les moyens de préservation accessoires au drainage consistent dans le mode de culture mis en rapport avec les exigences des procédés naturels de la végétation.

L'état de santé chez les individus des deux règnes organiques est dû à l'équilibre convenable de toutes les forces
physiques qui agissent ensemble dans des propriétés diverses.

Pour amener une grande altération dans la vitalité et produire une maladie, il suffit d'un faible changement dans les
proportions des éléments ou d'une trop grande production de
l'un d'eux, coïncidant avec plus ou moins de calorique, d'humidité, d'électricité, etc.

A part l'influence des éléments, qu'il n'est pas toujours au pouvoir de l'homme de modifier, on doit prodiguer à la plante une série de soins méthodiques, qui l'entourent dès le moment où son organisation n'est encore que rudimentaire.

Un seul de ces soins négligé ou manquant d'à propos, peut déterminer la perte irrémédiable du sujet; il a contre lui l'action de tant d'agents nuisibles à combattre, que s'il reçoit encore des atteintes de la main imprudente ou inexpérimentée de l'homme, il faut inévitablement qu'il succombe plus ou moins lentement.

Nous allons passer en revue tous les moyens spéciaux propres à faciliter les conditions principales de l'existence du pommier.

Les principaux actes de l'homme qui ont une influence notable sur le succès de cette culture, consistent : dans le choix de la semence, le semis, la transplantation dans les pépinières d'élevage, la transplantation définitive, le greffage, la taille, l'engraissement et la destruction des insectes nuisibles.

Une statistique intéressante serait celle qui établirait la moyenne du nombre de pieds d'arbres à cidre et à poiré, plantés en pépinière d'élevage, comparé à celui des sujets amenés à un développement de forces moyennes de production et de durée d'existence en cet état ; on serait effrayé de la disproportion des deux nombres.

Qui supporte les frais d'éducation des arbres ainsi perdus et subit la perte de la valeur intrinsèque qu'ils auraient fait acquérir à la propriété plantée? C'est en définitive le propriétaire.

Qui supporte le préjudice causé par l'insuccès d'une plantation toujours dispendieuse et préjudiciable au revenu quand elle ne réussit pas et la perte ignorée du revenu, qui, dans le cas contraire, résulterait de la réussite? C'est le cultivateur.

L'absence de connaissance en physique et en physiologie végétale, l'incurie du cultivateur pour tout ce qui concerne l'éducation de la plante, sont les principales causes de ce regrettable résultat.

Une cause non moins importante de l'insuccès et du peu d'étendue des plantations découle de la brièveté des baux.

Il faut vingt ans d'existence à un pommier pour qu'il commence à intéresser le cultivateur par un rapport de fruits tant soit peu important.

Les baux étant pour la plupart de six ou neuf années, le fermier fait tous ses efforts pour se soustraire aux charges toujours onéreuses de l'élevage d'arbres, qui donneraient à sa ferme une nouvelle plus-value, qui servirait de point de mire aux enchères des autres fermiers, lesquels viendraient juste à point pour recueillir le profit de ses travaux jusque-là stériles.

Cette partie intéressante de l'agriculture, pratiquée sur une surface importante de la France, n'atteindra le degré de perfection dont elle est susceptible, que lorsque sa direction sera confiée à des pépiniéristes régionnaux, et que les baux aient une durée minimum de vingt ans.

Ces pépiniéristes régionnaux, sortant des écoles d'agriculture pratique, ou qui auraient fait leurs preuves d'ailleurs, seraient, par leur instruction méthodique, les ennemis nés des abus et de la routine.

Ils pourraient être appelés sur les propriétés, pour le choix de l'emplacement des pépinières, pour les soins à donner aux jeunes plants depuis le semis jusqu'au temps où ces arbres pourraient, après le greffage, se passer de tuteurs ou échalas.

DES SEMIS EN PÉPINIÈRES.

Toutes les espèces de végétaux ont, dès leur origine, contracté une organisation particulière, restée propre à chacun, et toujours en rapport avec l'influence circonstancielle, au milieu de laquelle ils vécurent dans l'état de spontanéité.

Les soins assidus d'une méthode importune de culture, ont fini par dompter les habitudes anciennes de la nature, et modifier la forme d'une manière importante.

Dans l'origine, les plantes incultivées, croissant adventivement à la surface du sol, durent maintenir leurs racines près de la superficie, la couche d'humus, alors bien mince, leur en fit une loi; mais, plus tard, les labours plus ou moins profonds ont légèrement attiré les racines, et leur ont insensiblement fait prendre une forme plus ou moins pivotante.

Les semis devraient être faits dans des parties de terrain de même nature que celui que l'on se propose de planter; quatre ou cinq labours seraient faits pendant l'année précédente, on ne mettrait aucuns engrais dans la terre ainsi préparée; c'est ainsi qu'on éviterait à la plante transplantée l'inconvénient de subir des mécomptes toujours très-préjudiciables au moment où elle a le plus de besoin de réconfortation, en passant d'un bon terrain dans un terrain inférieur. Cette pépinière de semis serait placée en bel air, sur un versant en regard du sud-est, et sur le sol le plus sain, ou préalablement drainé.

Le choix du pépin serait fait sur une récolte de fruits bien mûrs, de moyenne grosseur, recueillis sur des arbres de belle venue, ayant atteint la plus haute période de leurs forces vitales et d'existence, par exemple, l'âge de vingt-cinq à trente-cinq ans.

Les semis usuels donnés, on obtiendrait des plants bien conformés, de moyenne ardeur, à racines bien divisées et nombreuses, lesquelles, pour être moins fortes que celles qui ont été alimentées par des engrais forcés, n'en seraient que plus aptes à prendre avec succès dans les pépinières d'élevage.

DE LA TRANSPLANTATION DANS LES PÉPINIÈRES D'ÉLEVAGE.

Le pépiniériste élève des arbres pour les revendre aux propriétaires et aux cultivateurs; il emploie, par la même raison qui dirige le pépiniériste en semis, les mêmes moyens d'amendement et de labours profonds.

Les pommiers sortent de ses mains âgés de six à douze ans d'élevage, apportent, par suite de soins exagérés, une exubérance de pousse qui séduit l'acheteur.

Cet amendement excessif, répété du semis pendant l'élevage, fausse la position future de l'arbre transplanté sur son dernier terrain, souvent inférieur en qualité.

On plante le semis trop serré : les rangées à cinquante ou soixante centimètres, et trente centimètres au plus entre chaque pied; ces distances ne peuvent suffire, mais elles permettent la plantation de cinq cent cinquante pieds par are de terrain.

Le pépiniériste en élevage calcule ainsi : Pourvu, dit-il, que je recueille un pied de bonne qualité sur deux plantés, j'aurai encore plus de profit que si j'employais la terre à toute autre culture; il compte chaque pied en moyenne à un franc net, ce qui donne pour produit, par are, deux cent soixante-quinze francs, somme considérable pour des fonds de moyenne qualité, que, souvent, l'on destine à ces pépinières.

Il compte peu de frais pour l'élevage : les méthodes routinières nécessitent peu de dépenses.

Les causes qui conduisent le pépiniériste à consentir à l'avance à la perte avouée d'une moitié du plant, viennent d'abord de l'économie qu'il fait dans le prix d'achat ; ensuite, de ce qu'il n'est pas sans exemple qu'un pied de semis, en apparence rachitique, n'ait fait quelques progrès forcés ; l'espérance d'un profit, en somme toujours illusoire, porte le pépiniériste à planter son semis non trié, mais plus serré, il croit compenser par là la quantité du frétin, il ne pense pas que plus le semis est serré, plus la proportion du frétin est considérable.

Cette moitié, qu'il compte à l'avance comme perdue, nuit beaucoup, par sa présence, à la nutrition et au développement de l'autre moitié, lui imprime, par son contact et l'interception de l'air, le cachet de plante étiolée ; on reconnaît ces arbres exposés sur les marchés, à l'écorce mince, verte et tendre ; cette écorce, après la plantation définitive en plein air, rougit et s'exfolie, le liber se dessèche et l'arbre meurt : on accuse le soleil d'être la cause unique de la mort.

Pour que la transplantation du semis en pépinière d'élevage produisît tout le succès qu'on peut en attendre, il faudrait choisir le champ de la transplantation sur un terrain approchant de même nature que celui à planter définitivement, comme pour la plantation en semis on préparerait le terrain toujours sans engrais ; on placerait cette pépinière sur un versant, en regard du sud-est, on planterait dans le mois de novembre, par un temps sec, et immédiatement après l'arrachage du semis.

On planterait donc, par are de terrain, deux cent soixante-quinze pieds de semis de choix seulement, espacés de soixante centimètres en tous sens.

Nous ne craignons pas de faire ressortir par des chiffres, la différence du produit obtenu par le mode actuellement pratiqué, comparé à celui que nous proposons.

D'après l'usage encore suivi, l'on plante sur un are de terrain . . . . 550 pieds.

Il faut, selon l'idée reçue, en distraire une moitié qui ne produit rien ; ci 275

L'expérience nous autorise à ajouter à ce chiffre, pour pertes fortuites et imprévues 25

} 300

Reste propre à la vente pour transplantation définitive. 250 pieds.

A la vente on fait de ces 250 pieds d'arbres le produit suivant :

Au bout de la	pieds	que l'on vend l'un	produit	
7e année	50	1 fr. 50	75 f. »	
8e —	90	1 25	112 50	} 297 f. 50
9e —	110	1 —	110 »	
	250			

Selon le mode que nous proposons :

on planterait, ci 275

dont il faut déduire pour pertes fortuites. 25

Reste à . . . 250

différence 93 f. 75.

A la vente on ferait le produit suivant :

Au bout de la	pieds	que l'on vendrait l'un	produirait	
7e année	75	2 fr. »	150 f. »	
8e —	90	1 50	135 »	} 391 f. 25
9e —	85	1 25	106 25	
	250			

A quoi il faut ajouter :

1° Le prix de 275 pieds de semis de moins à acheter, ci mémoire. . . . .

2° Les frais de plantation et d'élevage sur le même nombre, ci mémoire. . . . .

3° Le tort causé intrinsèquement aux bons pieds par la présence des mauvais, ci mémoire.. . . . .

. . . . . 10 f. »

Total à l'avantage de notre système, sur un are de terrain. 103 f. 75

Soit, pour un hectare, 10,375 fr., répartis en douze années, temps que la pépinière occupe le terrain, donne par an et par hectare 864 fr. 58 c., somme très-considérable.

Ce serait pour le pépiniériste commerçant une augmentation de profit ainsi constatée, mais pour les propriétaires et cultivateurs, le bénéfice aurait une bien plus grande importance ; cette importance résulterait de la valeur intrinsèque des produits, dont les conséquences, pour le progrès continuel de l'arbre, sont d'un avantage inappréciable.

Rien n'est plus logique qu'un chiffre et l'expérience.

Si le propriétaire et le cultivateur réfléchissaient au bénéfice assuré qu'il y aurait pour eux, à faire faire ou à faire par eux-mêmes l'élevage des arbres en pépinière, soit pour faire de nouvelles plantations, ou pour les remplacements, ils n'hésiteraient pas à établir, d'après notre système, des pépinières sur leurs propriétés.

S'ils ne voulaient ou ne pouvaient donner personnellement les soins de détail à l'élevage des arbres, ils pourraient recourir aux soins des pépiniéristes régionnaux.

DE LA TRANSPLANTATION DÉFINITIVE.

Il est constant que le changement des procédés dans la culture des plantes, depuis peu de temps, n'a pas été fondé sur un raisonnement complétement élaboré, et parfaitement entendu.

De mémoire d'homme, on ne connaît pas de mortalité de pommiers ayant frappé sur une aussi grande échelle, et sur ceux de l'âge en apparence le plus invulnérable (25 ans).

Les anciens pommiers témoignent encore, par leur aspect

vigoureux au milieu, et près l'emplacement de plus jeunes actuellement disparus, de la vérité de cette assertion.

Après cette courte digression, nous ferons remarquer que, depuis peu d'années, on a douté qu'en plantant plus profondément, on plaçait les racines dans une région où la terre est moins riche; malgré ce doute, on a voulu s'illusionner par des expériences hasardées, on a trompé le plant, on a déposé dans les trous ou fosses de plantation, jusqu'à un mètre cube de bon terreau, et quelquefois du fumier; on n'a pas réfléchi au double obstacle que l'on créait de propos délibéré aux progrès constants du pommier ainsi trompé. Ces arbres, ainsi placés dans le terreau, périssent ou languissent, lorsqu'après avoir, pendant quelques années, fait des pousses prodigieuses; quand leurs radicules atteignent les parois de l'enceinte du trou de plantation, elles rencontrent, à cette profondeur, une couche de terre inféconde gisant au-dessous de la terre végétale; surprises de toutes parts à la fois, elles subissent, dans leur alimentation, une transition passant subitement de l'exubérante abondance de nourriture à la privation du simple indispensable; cette transition leur est souvent mortelle, surtout si elle coïncide avec l'opération du greffage.

Après la mort, on retrouve les racines qui, de tous côtés, ont refusé de pénétrer dans un sol plus mauvais que le leur, et ont préféré se recourber sur elles-mêmes. On subit tous les jours les conséquences de ces diverses erreurs, et la mortalité prématurée ne cessera que lorsque la génération actuelle de ces arbres aura passé, et qu'on aura réformé les abus.

La transplantation définitive ne se fait pas avec assez de soin.

Beaucoup de cultivateurs ignorent encore que l'arbre

contracte un orientement que l'on ne peut pas changer, sans préjudice pour son développement, et même pour son existence ultérieure.

Les influences climatériques, atmosphériques et météorologiques ne sont pas, dans nos latitudes, les mêmes tout autour de la tige de l'arbre ; les preuves les plus irréfutables s'en présentent tous les jours à nos yeux.

Chacun peut s'assurer, dans notre hémisphère boréal, des conséquences qui résultent de ces influences.

Que l'on coupe sur pied et horizontalement un tronc d'arbre un peu important, on reconnaîtra que les couches concentriques, ou pousses annuelles de la partie ligneuse, sont plus larges, leur tissu est plus relâché, les utricules ont relativement une plus grande capacité vers le sud que vers le nord, c'est-à-dire, que le canal médullaire ne se trouve pas au milieu de la section, cette inégalité de pousse se présente avec une forme inverse aux latitudes égales de l'hémisphère austral ; sous l'équateur, le canal médullaire est exactement au centre d'une série de cercles réguliers.

Des voyageurs égarés dans les forêts des latitudes brumeuses du Nouveau-Monde, ont été, pendant plusieurs semaines, sans voir le soleil toujours voilé par les nuages ou les brouillards ; à défaut de boussole, ils avaient recours à cette opération, et, par l'inspection des couches concentriques du bois, ils reconnaissaient immédiatement l'orientement dont ils avaient besoin pour continuer leur route.

En physiologie végétale, ce phénomène se conçoit facilement, l'action du soleil dilate davantage les pores des parties ligneuses et corticales de l'arbre vers le côté où il rayonne plus fortement, le soleil a plus d'influence sur le bec des suçoirs, des radicelles qui se trouvent en regard de lui, et par cette même raison, l'écorce et la partie ligneuse fonctionnent plus tôt et mieux de ce côté, que les premières dirigées et les secondes placées en sens opposé, sur lesquelles il rayonne arrière ou obliquement.

Le soleil donne à celles dirigées vers le sud, plus de ton, plus de force, pour sécréter plus précocement les sucs végétaux et pour s'assimiler le cambium descendant.

La partie du même végétal vers le nord se trouve non-seulement privée de l'égale portion de ces avantages, mais encore elle subit des influences météorologiques diamétralement opposées ou contraires : elle est exposée à l'action réfrigérante si ce n'est glaciale des frimas septentrionaux, les pores, les tissus, sont plus resserrés, fonctionnent plus tardivement et moins abondamment.

Il n'y a pas d'autres causes dans l'état normal de la plante à l'inégalité circulaire de la largeur des pousses annuelles concentriques.

Il est évident que si l'on plante un sujet de l'âge de sept à douze ans, et qu'on le change diamétralement de côté, la partie de l'arbre qui était précédemment vers le sud, recevant sur ses pores plus dilatés, l'action subite de la gelée, doit en ressentir un saisissement qui violente les habitudes les plus essentielles de son existence, contractées à priori, recueille de cette transition anormale, sinon la mort, du moins un grave préjudice, qui, pour disparaître et rétablir dans le jeu des organes vitaux de cet arbre, le changement nécessaire à sa nouvelle forme d'alimentation, a besoin d'un laps de temps bien long.

De l'autre côté de l'arbre, les parties qui, précédemment étaient vers le nord, se trouvant placées vers le sud, ayant un tissu constitutif plus resserré, se trouvant inopinément frappées des rayons solaires, ne peuvent, en raison directe de l'exiguité de leur puissance, sécréter immédiatement assez de sucs nutritifs pour l'entretien non-seulement de l'existence moyenne et ordinaire, mais encore de la surabondance d'accroissement que l'influence directe du soleil porte à rendre plus actif; ces parties de l'arbre se paralysent sous l'effort surnaturel de leurs nouvelles fonctions devenues trop pénibles, on ne tarde pas à voir l'écorce prendre une teinte rousse-grenat, s'exfolier et tomber, le liber mis à découvert se fendille et l'arbre meurt.

Vulgairement, l'on formule l'acte de mort, par l'épithète de coup de soleil, brûlin, mauvais vent, etc.

Dans la Normandie, les vents dominants et les plus forts viennent du sud-ouest, quelques sujets des pépinières d'élevage ont légèrement obéi à l'action de ces vents et achèvent leur accroissement ainsi penchés vers le nord-est; le cultivateur en transplantant ces arbres, les place absolument dans le sens opposé, sous le futile prétexte que l'arbre ainsi transplanté, la tête ayant été précédemment courbée vers le nord-est, doit être désormais penchée vers le sud-ouest, pour redresser cet arbre et lui faire faire tête à l'orage.

Cette idée spécieuse conduit tout droit au danger signalé.

Voici les procédés qu'on devrait suivre :

On mettrait beaucoup de soin à l'arrachage, on éviterait de porter des coups tranchants ou contondants sur les parties de l'arbre qui doivent être conservées pour la transplantation; avant l'enlèvement on constaterait d'une manière étendue l'orientement du sujet ; le terrain préalablement drainé; on planterait depuis la fin de novembre jusqu'en janvier, on aurait bien soin de replacer le plant dans le même orientement.

Nous insistons beaucoup sur cette époque de la transplantation, et voici pourquoi :

A la fin de novembre, la pousse, l'assimilation du cambium sont terminées sur toutes les parties de l'arbre hors de terre, l'accroissement des racines est à peine commencé, c'est-à-dire que le cambium descendant vers l'extrémité de sœ racines, est arrivé au collet de la plante.

En procédant à l'arrachage dans ce moment, le travail d'assimilation du cambium se trouve faiblement interrompu, pour reprendre très à propos immédiatement après la transplantation et avec d'autant plus d'activité que l'interruption a été courte; il naît de la reprise opportune de ce travail, quantité de radicules de remplacement, dont l'extrémité du canal médullaire s'arme de spongioles terminales nouvelles, d'autant mieux conformées, que le cambium générateur ne manque pas; tandis qu'en procédant à l'arrachage comme on le fait ordinairement au mois de février et de mars, on coupe les racines au moment où elles se disposaient déjà à élaborer le produit d'une nouvelle sève ascendante, ces racines alors totalement dépourvues de cambium, ne peuvent de longtemps créer de nouvelles radicules, de sorte que ces arbres, quand ils ne meurent pas pendant un été sec, ne poussent qu'au mois de septembre ou l'année suivante.

On doit faire entrer en ligne de compte, dans le succès comparé des plantations d'arbres d'agrément et d'ornement faites aux mois de février et de mars dans les jardins publics ou particuliers, dans les parcs, bosquets ou avenues, les soins d'arrosement et d'amendement forcés, prodigués par les jardiniers attachés à ces cultures; ces soins exagérés sustentent plutôt le végétal par intussusception surnaturelle ou imbibition, qu'ils ne le nourrissent par les moyens usuels et naturels, moyens, que d'ailleurs il ne peut plus exercer avec des organes dont il est privé, et qui, de longtemps, ne peuvent se reproduire.

On ne peut pas, ou plutôt on ne doit pas chercher à obtenir ainsi des progrès factices pour les plantations d'arbres fruitiers, dont l'existence plus précieuse, déjà assez contrariée par l'opération du greffage est beaucoup plus fragile.

Pour préparer le sol pour la transplantation on le fouirait à une profondeur de vingt-cinq centimètres au plus, et sur une surface circulaire de deux mètres de diamètre, on placerait le pied du pommier à cette profondeur et on ajouterait sur la terre hachée, extraite du sol même, et replacée sur les racines, un mètre cube de bonne terre végétale étendue convenablement; on placerait les fumiers ou autres engrais au moins à un mètre loin du pied de ces arbres et jamais à l'intérieur du trou de plantation, ni plus près.

Ainsi plantés, les pommiers s'alimenteraient constamment à la surface du sol, leurs racines ne pénétreraient jamais à la profondeur où les oxydes et les sulfures ne sont pas encore dissous, ou du moins ces substances minérales se dissoudraient dans le terrain préalablement drainé avant leur arrivée dans cette région. Le drainage opéré convenablement, ils ne ressentiraient plus aucuns des effets pernicieux de la vaporisation des eaux corrompues dans le sol, ils s'alimenteraient selon les besoins, d'eaux fraîches et pures, ils deviendraient plus beaux, vivraient plus longtemps et rapporteraient davantage et de meilleurs fruits.

DU GREFFAGE EN FENTE.

Le greffage est l'une des opérations les plus essentielles de l'éducation des plantes et peut-être la plus négligée ; ce n'est pas un acte de peu d'importance que l'ablation complète de la cime de l'arbre et la fente de sept à huit centimètres faites bien mal à propos en plein canal médullaire pour déposer la greffe.

On néglige absolument l'examen de la sympathie et de l'antipathie existant naturellement entre les variétés physiologiquement dissemblables que l'on marie par l'opération du greffage.

La section du sujet est toujours faite le plus horizontalement possible ; cette forme de la coupe a l'inconvénient de retenir les eaux de pluie et d'en faciliter l'introduction dans la fente qui est restée béante par l'éloignement des deux moitiés de l'arbre, que tient écartées la présence même de la greffe, l'eau pénètre dans le tube qui contient la moelle, pourrit cette dernière et empêche la cicatrisation de la plaie, la force adhésive et assimilante du liber du sujet et de celui de la greffe, lorsque cette greffe est à peu près bien posée, fait seule les frais d'une réussite atrophiée

La partie du sujet ainsi mal traitée manque des forces d'assimilation nécessaire pour s'unir intimement à l'écusson de la greffe, en sorte qu'après la mort de l'arbre, lorsqu'on le débite pour le chauffage on retrouve, même après plus de trente ans d'existence, la partie ligneuse de cet écusson, durcie et absolument isolée du tissu du sujet, on compte encore les coups du tailloir restés apparents.

Les conséquences de ces erreurs sont si graves, qu'on retrouve quelquefois au milieu de l'arbre parvenu à l'âge adulte, le corps même du sujet ayant encore la même forme et le même volume qu'il avait lors du greffage ; il se détache aisément du milieu du tronc de l'arbre, on retrouve tous les nœuds qu'il avait à l'époque lors de cette opération, la couleur des parties environnantes inadhérentes indique assez que ce tronc primitif du sujet, est resté, du moins quant à sa partie ligneuse, complétement étranger à l'acte de la nutrition ultérieure du végétal et par sa présence a fait obstacle au développement complet, et est devenu par là une des causes concomittantes de l'insuccès et peut-être de la mort prématurée de l'arbre.

On ne fait pas assez d'attention si le sujet est d'une espèce à pousse précoce ou de pousse tardive ; on pose la première greffe venue prise dans un choix fait presque toujours légèrement, sans s'inquiéter si ses prédispositions sont suffisamment préparées pour obtenir un bon résultat. Cette inattention conduit à de graves inconvénients.

Si l'on pose sur un sujet d'espèce précoce une greffe d'espèce tardive, le sujet ou tronc de l'arbre ayant aspiré la sève ascendante dans un moment où les parties constitutives de la greffe tardive ne sont pas encore disposées à recevoir cet aliment, il en résulte pour le tronc de l'arbre une surabondance d'alimentation qui, dès le commencement de l'année, n'est pas en harmonie avec les besoins de la greffe tardive.

La floraison ne s'en fait pas toujours plus mal, quoique la coulure peut résulter de l'excessive abondance de sève retenue, mise subitement en action ; la fructification souffre beaucoup sur la fin de sa maturité.

L'action réglée de la vie annuelle du sujet précoce, commençant plus tôt, doit nécessairement terminer plus tôt la durée périodique et naturelle de cette vie ; de sorte que le fruit tardif manque à l'époque de sa maturation de l'aliment qu'il obtiendrait encore sur un tronc d'espèce à fonctionner tardivement ; le fruit est donc inférieur en qualité, il reste incolore et plus petit, le jus insapide contient beaucoup moins de principes saccharifères ou bases alcooliques.

A la simple inspection on reconnaît les arbres qui sont dans ce cas ; le corps ou tronc est plus gros immédiatement au-dessous de la greffe qu'immédiatement au-dessus, la sève ascendante encore refusée par la greffe tardive, s'introduit davantage dans les utricules horizontales plus tôt et mieux disposées pour la recevoir.

Si le sujet est d'une pousse tardive et la greffe d'une pousse précoce, le préjudice est plus considérable encore.

La greffe dans ce cas, dont les dispositions à jouir de l'acte vital sont plus avancées que celles du tronc, et aux aguets de l'arrivée de la plus petite molécule de sève ascendante pour se l'approprier ; les pores aspirants de son tissu, les organes médullaires, utriculaires ou cellulaires étant plus tôt prêts à fonctionner que ceux du tronc de l'arbre, il en résulte qu'à la floraison le pied de l'arbre tardif n'étant pas encore en état d'alimenter suffisamment les fleurs précoces, elles périssent faute de nourriture en temps opportun ; on traite vulgairement cet accident du nom de mauvais vent, de coulure, coup de soleil, brûlin, etc.

Ainsi s'explique ce qui passe pour un problème insoluble, savoir : pourquoi que de deux pommiers placés l'un près de l'autre, dans toutes les mêmes conditions possibles apparentes, greffés le même jour, par la même personne et de la même espèce de pommes, l'un rapportera souvent et beaucoup de fruits parfaits et l'autre presque jamais ou peu et toujours imparfaits.

On reconnaît les arbres ainsi traités, par un tronc plus petit au-dessous de la greffe, qu'immédiatement au-dessus ; les organes sécréteurs du cambium descendants plus précocement disposés que ceux du tronc tardif de l'arbre, s'assimilent ce produit avec d'autant plus d'abondance, que ceux de ce tronc tardif ne sont pas encore disposés à les imiter.

Nous connaissons des plants qui ne rapportent presque jamais de fruits quoiqu'ils fleurissent tous les ans. Cette stérilité anormale ne peut être que la conséquence de mariages mal assortis.

Pour obtenir un succès satisfaisant, le pommier doit être greffé dans sa troisième année de plantation ; généralement on greffe trop haut.

Nous avons remarqué en avril 1851, dans les propriétés du château de Grangues, des pommiers greffés à deux mètres vingt-huit centimètres au-dessus du sol !

Bien certainement qu'aucuns sujets de ce plant ainsi mal traités, n'atteindront l'âge adulte.

L'opération du greffage exigeant une plaie fort grave, ne doit pas être faite trop loin de la source des moyens de cicatrisation, autrement la trop grande distance entre ces points, occasionne, par la dissémination de ces moyens dans un plus long parcours, une atténuation considérable des forces du principe réparateur.

Donc la section doit être faite à une hauteur variant d'un mètre quatre-vingt, à un mètre quatre-vingt-dix centimètres du sol, et légèrement en biseau, c'est-à-dire, que le côté où l'on placera la greffe restera plus haut de cinq millimètres que celui opposé, la sève ascendante utriculaire étant une émanation horizontale de la sève médullaire, se propage jusqu'à l'appareil cortical au fur et à mesure du mouvement ascensionnel de la première ; cette première sève subitement arrêtée dans son essor par la section de la partie supérieure du sujet, cherche par toutes voies possibles les moyens de continuer sa marche; elle trouve dans les utricules les plus près de la section, une route déjà ébauchée par le passage de la seconde, elle rayonne donc ainsi autour du canal médullaire, mais plus abondamment vers les points où la section a laissé plus de hauteur à ce sujet par le prolongement de l'obliquité de la coupe. La greffe placée sur ces points recueillera plus promptement une plus grande quantité de cette sève ; la fente ne se fera pas diamètralement, ni sur le milieu de la moelle, mais de manière que si elle était prolongée, elle passerait à côté ; on fera avec le tailloir une entaille de chaque côté de la fente en enlevant également, et dans la forme exacte que doit avoir l'écusson de la greffe, une partie du sujet de chacun de ces côtés.

Le succès du greffage est d'autant plus prompt et avantageux qu'il se trouve de tronçons de vaisseaux séveux appartenant aux deux parties, mis, par cette opération, en rapport anastomotique ou d'abouchement.

Dans la fente pratiquée selon l'usage actuel, les fibres ligneuses étant divisées par déchirement sur la longueur, laissent apparaître aux surfaces intérieures bien peu d'orifices de ces vaisseaux, tandis que dans la coupe de la taille de la greffe et de l'entaille sur le sujet, telles que nous les proposons, il s'en trouve un nombre d'autant plus grand, que les deux différentes tailles présentent de biais.

On aura donc soin de tailler la greffe de manière qu'après le placement fait et le coin d'ouverture retiré, elle soit suffisamment serrée pour ne pas laisser de vide entre les bords extérieurs de l'écusson de la greffe et les parois intérieures de l'entaille du sujet.

La fente et l'écusson n'auront pas plus de quatre centimètres de longueur, et ce dernier présentera plus de volume que d'usage ; la largeur de l'écorce conservée par la taille à la hauteur de l'épaulement représentera le tiers de la circonférence ; la greffe sera placée depuis le sud-est au sud-ouest, elle trouvera ainsi sur cette partie du tronc, les ressources de l'alimentation plus abondante à cause du rayonnement solaire, et se défendra mieux des vents ; la poupée

doit être composée de matières imperméables à l'air et à l'eau
et toujours appliquée à froid.

Le choix des greffes doit se faire sur des pommiers de vingt-
cinq à trente-cinq ans, très-vigoureux ; elles seront prises aux
branches moyennement élevées, exposées vers le sud, la greffe
taillée dans l'avant-dernier bois.

Le soin le plus essentiel consiste donc, à placer sur un sujet quelconque une greffe ayant le même degré de précocité
de pousse ; l'harmonie désirable aura lieu, les fonctions vitales s'exécuteront simultanément, le progrès de la pousse et
de la fructification plus abondant et l'existence affranchie
de maladies, par le bienfait du drainage, sera plus longue.

DE LA TAILLE DU POMMIER.

Le mois de novembre arrivé l'effet de la pousse est ter-
miné à l'extérieur, les feuilles devenues inutiles sèchent et
tombent, la perfectibilité et l'assimilation du cambium tou-
chent à leur plus haut période dans les parties composant la
tige et le tronc.

La plaie de la taille pratiquée à cette époque se trouve cicatrisée immédiatement, par le cambium terminant son assimilation

Pendant l'hiver l'absence de circulation dans les couches
extérieures permet à cette cicatrice de prendre la consistance
du bois, les insectes parasites ont, lors de leur migration au
printemps, moins de prise que sur une plaie nouvelle encore
suintante ; mais si la taille est faite au printemps, la plaie
n'est pas cicatrisée lorsque la sève descendante, ou le cam—

bium revient aux racines, la portion de cette sève qui rencontre dans sa course un nœud nouvellement taillé sur les jeunes arbres, ou le tronçon d'une branche coupée sur les adultes, suinte constamment par la plaie béante de cette taille, une déperdition considérable des éléments constitutifs de l'aubier s'effectue, les parties peut-être les plus précieuses s'évaporent, enfin le cambium se fait jour, il s'assimile cependant en forme de bourrelet, ou prolongement circulaire autour des nœuds taillés, ou la coupe des branches adultes, ce bourrelet se recouvre d'un prolongement de la matière corticale ; malgré ce dernier appendice encore douteux, l'abondance des sucs en circulation entretient tout l'été un foyer de moiteur et constitue ainsi la demeure favorite des insectes parasites.

Cette taille faite à contre-temps, subie par les pommiers de tous âges, provoque également sur toutes les essences de bois soumis à la taille printanière, la plus grande partie de ces mêmes conséquences.

Ainsi, l'élagage, l'émondage, le récépage des bois taillis, et de la taille des arbres destinés aux constructions et à la décoration des jardins d'agrément, faits au printemps, produisent toujours des effets préjudiciables, les conditions vitales du végétal physiologiquement entendues, forment un code de lois, dont la plus simple infraction est sévèrement punie.

DES INSECTES NUISIBLES AU POMMIER.

Du puceron lanigère.

Les insectes parasites au nombre desquels nous comptons

comme le plus dangereux, le puceron lanigère, le mans ou
larve du hanneton, et le hanneton lui-même causent à tous
les végétaux ligneux, un préjudice incalculable.

Le puceron lanigère prend sur le pommier sa nourriture aux dépens des parties les plus succulentes du cambium.

Pour se l'approprier il est obligé de transpercer avec son
suçoir la partie corticale et le liber; cependant on le voit ra-
rement en pleines branches, surtout si les arbres sont âgés,
l'écorce est devenue trop épaisse et trop dure, de sorte que
n'était-ce qu'il trouve des parties plus tendres aux aisselles
des branches, et surtout sur le produit des plaies récemment
faites, il resterait toujours inoffensif envers les arbres, comme
il était naguère, et sa multiplication moins nombreuse presque inaperçue.

Ses piqûres occasionnent des écoulements de ce précieux
liquide (le cambium), des tubérosités corticales et des nodo-
sités volumineuses, qui font toujours obstacle au cours direct
et normal de la sève.

Le puceron lanigère, cherchant les moyens de prendre sa
nourriture avec le moins de peine, et le plus abondamment
possible, adoptera de toute préférence ce bourrelet de cambium, produit factice de la taille inopportune à peine solidifié,
d'autant plus tendre et plus succulent que l'arbre est plus
jeune; et a reçu plus d'engrais le puceron se trouvant mieux
qu'aux autres points de la surface corticale, s'y cramponne, y
dépose sa prodigieuse progéniture, certain qu'il est, que la
qualité supérieure, l'abondance, la facilité de recueillir les
sucs nutritifs, seront, pour cette progéniture, autant de
moyens sûrs et infaillibles de développement.

Quand le puceron s'est installé sur quelques sujets d'une
pépinière, ou sur quelques pommiers adultes, sur lesquels on
aura pratiqué intempestivement la taille, il traîne sa fécon-

dité de proche en proche, et la pépinière entière, ou toute la série continue des anciens arbres ainsi traités, sont envahis sans remède. Si l'on parvient par l'emploi des acides, par les fumigations ou par les lessivations, ou encore par le feu, à faire périr cette première génération, la persévérance de la taille à contre-temps, ou même les anciennes blessures amènent toujours la persistance de l'invasion par la première colonie avenante, les callosités résultantes des piqûres anciennes de l'insecte servent d'enseigne au nouvel hémiptère voyageant. Nous n'assurons pas que la taille du pommier faite avant l'hiver, soit le seul remède à employer contre le puceron lanigère, mais nous affirmons, qu'ainsi faite, elle lui ôterait la facilité d'exercer aussi aisément ses moyens de propagation et d'existence, et par conséquent, porterait une grande atteinte à son développement : les conséquences de la taille automnale empêcheraient bien souvent l'invasion du puceron.

Quant au profit particulier que l'arbre retirerait de la précocité de cette opération, il est incontestablement très-grand.

Du hanneton et du mans.

Pour tout cultivateur qui observe, il lui est facile de se rendre compte des moyens que le hanneton emploie pour conserver son existence, il comprendra aussi son mode de propagation.

Pendant sa courte apparition, il cause aux produits agricoles un tort considérable ; occasionné par le mans, ce tort devient immense.

Cet insecte commence à paraître en avril, deux mois après on n'en voit plus.

Peu de jours après sa sortie de terre, il se livre à ses amours, le même mâle peut féconder plusieurs femelles, les premiers actes sont toujours exécutés avec succès ; il n'en est pas de même des subséquents, lesquels ne sont jamais nombreux, l'oubli de la nourriture, causé par l'attrait, le conduit promptement à l'épuisement de ses forces, alors il ne peut plus se détacher et périt ainsi accouplé.

La femelle fécondée au premier acte, prend son essor et se dirige vers un terrain léger, plutôt en labour qu'en herbe, quand elle en a le choix : dans ce terrain elle creuse un trou de vingt-cinq centimètres environ de profondeur et y dépose une trentaine d'œufs, dont les larves s'appellent mans, lesquels au bout de trois ans, reparaissent sous la forme de hannetons, telles sont les conséquences de la métamorphose de ce dernier.

C'est donc dans l'état vermiforme qu'il cause le plus grand préjudice à l'agriculture ; tout le monde sait qu'en rongeant les racines des plantes dont il fait sa nourriture de prédilection, il les fait périr.

Des herbages entiers deviennent improductifs, des champs de grains stériles et des plants de pommiers meurent entièrement, sans qu'on puisse porter de remède aux uns ni aux autres ; les pertes qu'ils occasionnent présentent dans ce cas une vraie calamité.

On comprend difficilement l'incurie des populations en face de ce fléau, quand il est certain qu'elles pourraient, sinon détruire entièrement ces insectes, du moins les réduire par le nombre à l'état presque inoffensif.

Dans beaucoup de départements on s'est bien trouvé de l'échenillage forcé, mais on craint que les moyens dont on

devrait user contre le hanneton, ne puissent être réglemen-
tés par l'administration ; elle aussi, craindrait peut-être de
trouver dans l'esprit naturellement défiant des populations,
la critique, le dénigrement, peut-être la force d'inertie ou
l'opposition morale.

Il y a pour qui connaît l'esprit ombrageux et méfiant des
hommes du peuple, quelque chose de fondé dans ces craintes,
mais au sérieux, les cultivateurs qui devraient eux-mêmes
prendre l'initiative en pareil cas, reviendraient promptement
sur ce point comme sur tant d'autres, contre leurs préjugés ;
il se passerait bien peu d'années, avant qu'ils ne prêtent vivement leur concours empressé.

Les moyens de destruction seraient faciles à employer et
relativement peu dispendieux. En moins de dix ans on at-
teindrait des résultats dont on est encore bien loin d'appré-
cier l'importance.

Ces moyens consisteraient à recueillir ces insectes autant
que possible à leur sortie de terre ou à leur arrivée sur les
plantes, la difficulté supposable d'éhannetonner dans les forêts, ne peut arrêter cette utile mesure.

Les femelles fécondées sur les arbres forestiers, vont toujours hors la forêt déposer leurs œufs et dès la réapparition
de l'insecte, on le voit de toutes parts monter aux futaies,
on pourrait donc surveiller et prévenir cet envahissement, il
faudrait des soins assidus pendant six semaines par année, et
d'ailleurs que ne fait-on pas pour l'échenillage qui est aussi
difficile.

On pourrait abattre les hannetons avec des gaules ou en
montant sur les arbres : il faudrait que cette mesure, fût uni-
versellement pratiquée dans toutes les communes de plusieurs
départements contigus.

La dépense pourrait être soldée par le vote des communes

ou par des cotisations particulières en argent, l'expérience ayant démontré dans certains cas, que le travail de prestation en nature est presque illusoire par ses résultats et ruineux par le temps qu'il dérobe aux cultivateurs.

On emploierait à ce travail les personnes inoccupées, les enfants, les vieillards, etc., on les paierait à la mesure; on creuserait des trous ou fosses dans plusieurs quartiers de chaque commune où ces insectes seraient apportés dans des sacs par ceux qui les auraient recueillis, des couches de hannetons disposées alternativement avec des couches de chaux, de terre ou autres matières susceptibles de devenir engrais, jusqu'à ce que la fosse soit pleine ou que la chasse soit finie; on laisserait fermenter et décomposer convenablement, et au bout d'un temps donné, on viderait la fosse; on obtiendrait de ce produit un engrais d'une grande puissance fertilisante, dont la valeur dédommagerait d'autant de la dépense occasionnée par la chasse.

Des expériences analytiques démontrent que le hanneton contient comme engrais de seize à dix-sept pour cent d'azote.

Quand on considère qu'une seule femelle pond jusqu'à trente œufs, on peut se rendre compte de l'importance de ce moyen de destruction employé pendant dix ans.

FIN.

TABLE DES MATIERES.

Pages.

Introduction. 5

PREMIÈRE PARTIE.

De l'influence de l'eau comme l'un des principaux éléments de la végétation. 9

Description des causes de la maladie des pommiers, etc. . . . 14

Causes communes aux maladies des végétaux en général 20

Identité du résultat des explorations nouvelles et de notre système. 29

Premier point. 35

Deuxième point. 36

Troisième point. 37

Quatrième point. 39

Cinquième point. 39

Sixième point. 40

Septième point. 40

Huitième point. 41

Neuvième point. 42

Dixième point. 42

Onzième point. 44

DEUXIÈME PARTIE.

Du drainage comme moyen préservatif des maladies des végétaux. . 47

Résumé. 62

TROISIÈME PARTIE.

Préservatifs des maladies particulières aux pommiers; accessoires au drainage. 64
Des semis en pépinières. 67
De la transplantation dans les pépinières d'élevage. 68
De la transplantation définitive. 71
Du greffage en fente. 77
De la taille du pommier. 83
Des insectes nuisibles au pommier. 84
Du puceron lanigère. 84
Du hanneton et du mans. 86

FIN DE LA TABLE.

LAGNY. — Imprimerie de VIALAT et Cie.

LAGNY. — Imprimerie VIALAT et Cⁱᵉ.